想回家的鯨魚

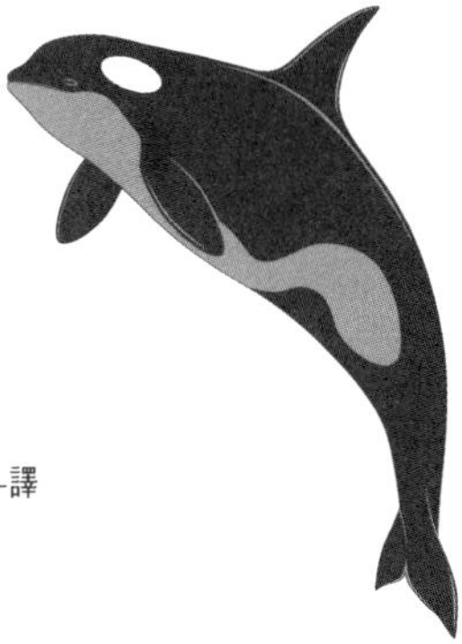

蘇珊·歐琳 Susan Orlean——著 韓絜光——譯

15個來自動物的真實故事，探索人與動物之間看不見的愛與傷害

On Animals

目錄

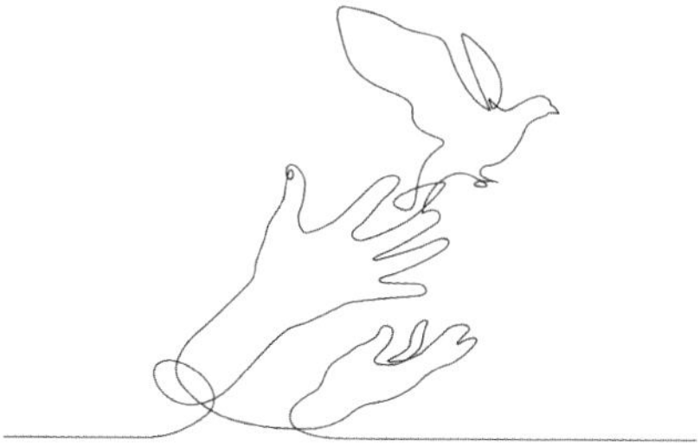

序　心向動物

早在還沒養過貓、養過狗、養過雞、養過火雞、養過鴨、養過珠雞、養過鬥魚、養過安格斯黑牛之前，我就一直有點偏愛動物。我說的不只是小時候，小孩子誰不喜歡動物呢？不時邂逅一些動物也是很自然的。我說的也不只是少女時期——在那段黃金歲月，我和人類歷史上數以百萬計的青少女一樣，懷著情竇初開的少女心為馬痴狂，次之則迷戀小狗狗。我說的是，不知為什麼，不管當下過著什麼樣的生活，我的起居作息始終和動物脫不了干係。就算某一陣子沒養任何寵物，動物依然是我生活的一部分，而當我真的養了寵物，牠們似乎總有辦法排除萬難，擠進生活舞台的中央。

這單純是數量問題嗎？意思是，比起別人，我的生活範圍就是有較多的動物出沒？還是說，我只是比別人更常注意到動物，也更親近動物一些？這其中想必多多少少攙雜了奇妙的緣分。

我在人生路上遇見動物的趨向，似乎高於一般人的平均值。一九八六年，我搬到曼哈頓，原以為往後生活中應該罕能接觸到動物，頂多偶爾遇到一兩隻狗吧。搬進新家當天，我拆完幾箱行李決定出門透透氣，沒想到才踏上人行道，我就撞上一個男人，他手裡握著一條銀色牽繩，正在遛他的寵物兔。我轉了一圈才停下，看得目瞪口呆，但男人沒空注意我有多驚訝，他光是顧那隻兔子就快忙不來了。兔子體型龐大，咖啡色的毛，脾氣倔強。男人每往前走一步，兔子就會扯著繩子抵抗，等到繩子繃到不能再緊了，兔子才不情不願又疲軟無力地往前小小一跳，眼裡露出冷冷的目光。

「拜託，路華，行行好。」兔子的主人大聲叫喚著，語氣既心痛又惱火。「對，做得很好，路華。走吧，孩子！跳跳！」

＊　＊　＊

我從小就好想好想養隻動物。小時候——大概四、五歲左右吧，我家養過一隻母貓，但牠住在屋外，只有討飯吃才會回來一趟。拜訪這麼短暫，意圖又那麼明顯，總覺得牠不像我們的寵物，倒像哪個街頭貓咪慈善單位的代表，閒來無事才登門懇請捐款。

我早早就有養狗的念頭，但我媽媽怕狗，揚言要是我們膽敢帶狗回家，她一定會跳到椅子上瘋狂拍打裙襬尖叫。所以，我們家從來沒有狗，我只有羨慕別人的份。我三不五時會向鄰居提議，準確來說，是懇求他們讓我幫忙遛狗。可惜我們住在郊區，戶戶都有大院子，大家的狗活動空間充裕，多半不太需要再外出遛達。每逢星期天，我就會仔細閱覽報紙分類廣告的寵物欄，陶醉得像在讀一封情書。我會把幾則廣告圈起來給爸媽看。老爸只會說：「去問你媽。」媽媽則撫著雞皮疙瘩：「家裡有狗，要我怎麼辦？」

不過，禁不起我和弟弟妹妹的死纏爛打，她終究還是讓步了。這要歸功於我們幾個小鬼頭擬定的行銷策略。我們湊巧看到黑白狗蘇格蘭威士忌（Black & White Scotch）的廣告，商標是一對可愛的狗狗——黑狗是墨黑色的蘇格蘭㹴犬，看上去聰明伶俐；白狗則是笑盈盈的西高地白㹴犬，有著全世界最明亮乾淨的皮毛。我媽媽懼怕狗，有部分原因也是怕狗會在家裡到處散布不可回復的髒亂，於是我們靈機一動，覺得西高地白㹴犬潔白的外表說不定能說服她。結果真的奏效了！過沒幾天，家裡就多了一隻白㹴幼犬。

＊　＊　＊

我很愛我們的小白㹴，但老實說我心裡中意的是德國牧羊犬，因為《任丁丁的奇妙冒險》（*The Adventures of Rin Tin Tin*）從小就烙印在我的腦海，我像全世界絕大多數人一樣，很想養隻和電視狗明星一模一樣的狗狗。不過哪種都好，能養狗我已經開心得無以復加。約莫同時，班上同學也送了我一隻小鼠當禮物，那個男孩臉上總是掛著鼻涕，口袋經常塞滿小樹枝、石頭和樹葉。至於我當初用了什麼說詞竟能讓媽媽同意我留下這隻小鼠，已經不得而知了。小鼠的毛色像極了奶油太妃糖，配上柔軟的白色小腳和紅寶石般的眼睛。我給小鼠取名「活力」，幻想牠是一隻參展得獎的冠軍鼠，還為牠仿造了一大堆獎章和獎盃，到處跟人家說那些都是牠參展贏來的。

你八成覺得有了冠軍鼠又有純白小㹴犬，我該滿足了吧？但我還是覺得我的動物功課未盡。比方說，我還沒養過小馬。我開始積極遊說家人，但想也知道徒勞無功。那陣子有天下午，我帶著活力去同學家和他的小鼠一起玩，沒過多久，活力在籠子裡築了窩，生下五隻鼠寶寶，小到可以跳著圓舞曲轉出籠子，還不會碰到欄杆。某天，媽媽看到一隻鼠寶寶竄過廚房地板，消失在洗碗機底下，真的嚇得跳到椅子上瘋狂拍打裙襬尖叫。就這樣，我觸犯了底線。我被規定只要還住在家裡一天，我轄下的動物就不准再增加了。

上了大學我馬上決定，除了交男友，我還要養隻狗。大學生養狗簡直是瘋了，生活作息不規律，住的又是出租公寓，畢業後該何去何從也還沒有著落——這種生活狀態，怎麼看都不適合養寵物。但我離家在外，少了家裡的狗狗，實在很想念有寵物陪伴的日子。何況我在安娜堡（Ann Arbor）的朋友好像人人都有養狗。至於想養哪種狗，我的口味變了。德國牧羊犬不再是首選，我想養愛爾蘭雪達犬（Irish setter）。我其實沒見過愛爾蘭雪達犬，我只是心心念念想著一個烈酒廣告，好像是愛爾蘭威士忌，宣傳海報上一男一女穿著鮮黃綠色的長風衣，牽著一對四肢修長的紅毛狗。我雖沒有修長美腿，倒也生得一頭紅髮，那種狗憂愁優雅的臉孔及與我相仿的髮色，看上去就是我的完美夥伴。

我瀏覽起分類廣告，上面偶有愛爾蘭雪達幼犬求售，但價格高到我連考慮都免了。直到九月某一天，我套上暑假去歐洲交換遊學回來就沒再穿過的一條牛仔褲，突然感覺口袋鼓鼓的，伸手掏出一張揉成一團的紙片，攤開後才發現是一張三百美元的旅行支票，我完全忘了有這麼回事。按理來說，我應該把這筆錢用來買課本、付房租和學費，但這就好比天降橫財——彷彿無形中有一股力量大發慈悲，將三百美元金幣投入我攤開的掌心。我當這是個徵兆，隨即聯絡刊登廣告的愛爾蘭雪達犬飼育業者，買了一隻四個月大的幼犬回家，取名茉莉。

＊　＊　＊

爸媽知道後，除了錯愕還很不悅。「你現在養狗，有沒有想過之後怎麼辦？」媽媽悲嘆道。我跟她說，養狗的責任我很清楚，還說她至少該慶幸我養的是狗，而不是一頭豬。我可沒開玩笑，校園裡最近才見到有人牽著一頭小小的越南大肚豬（Vietnamese potbellied pig），我親眼看過那頭豬四處亂跑，脖子上繫著和校園裡所有狗兒一樣的領巾。帶茉莉回家那天，我瞥見那頭小豬在大學部圖書館附近的樹叢間刨土，黃領巾上濺滿了泥巴。剎那間我心想：**哇，養一頭豬好像也很酷？**但下一秒就告訴自己：**不行，想都別想**。可惜，拿養狗和養豬相比來佐證我的成熟，絲毫沒能讓媽媽放心。她沉默了好一會兒，最後只嘆了口氣：「唉，媽真拿你們沒輒——你和你的那些動物。」

不時總會有人問我，我也經常問自己：為什麼是動物？然而，這個問題沒有單純的答案。我對動物好奇，動物令我開心，也能陪伴我，看著就是可愛。有些動物供應了我的早餐。我猜我看到動物的反應，就跟有幸看到火星人降落地球的反應是一樣的：我想認識他們，和他們做朋友，即使我始終明白他們雖然看似和我們有共通點，實則是不得而知的異類，熟悉卻又神祕。

＊＊＊

搬到曼哈頓時，茉莉十二歲了。我很擔心她適應不了環境，因為她從沒住過公寓，更沒搭過電梯。我也擔心允許養狗的公寓並不好找。那幾年，尋找友善狗兒的租屋一直讓我傷透腦筋。安娜堡和全美各地的大學城一樣，那裡的觀念是，與百多年來這些個習慣邋遢、對租屋大搞破壞的學生相比，會養狗的學生還比較像負責任的房客，所以很少遇到介意養狗的房東。

結果畢業後，我搬向西部野鹿和羚羊活躍的地方，以為狗兒應該像在安娜堡一樣隨處可見，怎麼也沒料到多數房東都拒絕了我。那陣子我到處尋找律師助理的工作，我主修英語，大概也只擅長這個，與此同時我體認到一個嚴酷事實，那就是絕大多數的雇主，尤其法律事務所，並不歡迎員工帶寵物進辦公室。我終於學到教訓：我或許心向動物，但世界上的其他人可未必。

我以為曼哈頓勢必更難找到一個允許養狗的住處。當時，我和一個法學院剛畢業的男人結了婚，搬到紐約，好讓他到曼哈頓中城的事務所上班。我們事先說好，洽談房子時要矢口不提有養狗，先想辦法迎合房東，建立好印象，最後再輕描淡寫提起我們有隻安靜的老狗。

我們在上西城找到一間理想的兩房公寓，約了房東見面。房東是個臉紅氣粗的愛爾蘭人，隔著厚厚的眼鏡片，他的眼睛看上去就像兩個藍色小點點。我們反覆表示很喜歡這間公寓，房東似乎也挺認可我們，談了一陣子，他從抽屜裡拿出一枝筆和一份空白租賃契約。「我看看，對了。」房東轉頭問我丈夫：「你的工作是？」

「我是律師。」他不無驕傲地說。按計畫我們會特別強調這點，因為律師這個職業聽起來很穩定，而我們也以為，像我們條件這麼無懈可擊的房客，就算正好養了一隻狗，應該無傷大雅，只是小事一樁。不料房東擱下筆，把租約塞回抽屜後碰一聲闔上，然後兩手抱胸往椅背一靠。「抱歉，」他說。「律師不行。我不租律師。」我腦袋一陣昏眩。「可是我們有養狗！」我脫口而出，也不管邏輯在哪裡。「十二歲的老狗！」「喔，那沒問題，」房東說。「養狗不要緊，我不接受的是律師。」

經過一番瘋狂的尋覓，我們終於找到接受狗也接受律師的公寓安頓了下來。我原以為茉莉來到曼哈頓會很孤單，殊不知我們住的這棟公寓裡幾乎人人都養了狗——而且一隻還是最基本的。不少人養了好幾隻。住在一樓單室公寓的女人養了四隻高大的灰威瑪犬，四條狗體積相加起來起碼占去她家四分之三的空間。樓上鄰居養了一條大丹犬，他屢次向我保證，大丹犬是很適合養在公寓的狗種，整天只會懶洋洋趴著。

很難計算全曼哈頓究竟有多少貓，因為貓兒們來無影去無蹤，但我在公寓的資源回收箱見過非常多貓飼料的空罐頭，可以確定的是，整棟樓至少住了十來隻貓。還有附近的遛狗公園——數量可真多，而且不管哪個時段幾乎都人滿為患！我們的租屋地點很好，距離大都會藝術博物館很近，但我更高興的是離中央公園動物園也很近。搬來曼哈頓之前，我以為這座城市空盪盪的沒有動物，只有人潮湧動的嘈雜喧囂。誰曉得，可能這個環境是我人生中第一次被這麼多的動物圍繞。

＊＊＊

我在紐約與動物邂逅頻繁，甚至有幾次不可思議的經驗。例如某天，一隻金絲雀憑空出現在我家裡（我至今不知道牠怎麼進來的，又為什麼會進來）。又如，我在住家附近找到收費低廉的停車場停放我的車，後來才發現，停車場隔壁就是一所騎術學校。紐約市的停車場不下百萬座，怎麼這麼湊巧！正是類似這樣的事一點一滴讓我覺得，不論是刻意安排還是機緣巧合，我大概天生注定與動物為伍，或動物注定與我為伍。我喜歡每次去停車場開車，總能嗅到滿鼻子馬兒和乾草的氣味，那種氣味與我想像中在曼哈頓生活完全不同。

偶爾有無主的馬兒從馬廄逃脫，激動地衝出穀倉，奔進停車場，在停放的車輛周圍兜圈子，眼睛圓睜，躁動不安。停車場管理員是個矮小枯瘦的男人，他會揮著一根大掃把，追在後頭想把馬兒趕回馬廄。每隔幾週，固定會有一名鐵匠到騎術學校來替馬兒釘蹄鐵。他把貨車停在人行道上，將鍛爐和工具一字擺開，動手釘馬蹄鐵。一整天，計程車和汽車不停從他身邊隆隆駛過。那位鐵匠顯然被來往行人問到很煩了——畢竟，在曼哈頓的人行道上居然能看到有人在釘馬蹄鐵，誰不會疑問連連？所以他針對常見問題列出了長串答案（「一、不會，馬兒不會受傷。二、每隔一個半月釘一次。三、用鐵釘。」）掛在貨車上。誰斗膽開口跟他說話，他就指指掛牌，連頭都懶得抬。

＊　＊　＊

我親愛的狗狗茱莉在我住紐約的第一年告別世間，我傷心欲絕，我想我這輩子再也不會養狗了。一夕之間身邊少了狗兒，這座城市變得好奇怪，我已經習慣每天花個把鐘頭陪她去公園散步，她就像是我的通行證，讓我得以走入「曼哈頓狗主人」這個獨樹一格又有些私密的國度。他們操著自己專屬的語言，有自己專屬的儀式，是茱莉讓我一窺堂奧。但現在沒了狗，我儼然遭到放逐，路過河濱公園時，我總是低頭匆匆經過，不敢去看那些開懷奔跑的大狗，雖然我和茱莉也曾在那裡共度了許多時光。

約在同個時期，我和丈夫也離了婚，我頓時形單影隻，近二十年來第一次獨自過活。我的心思不由自主飄向至黑至暗的問題：萬一我愛上的人討厭狗怎麼辦？萬一他對有朝一日養隻山羊或驢子不感興趣？萬一他喜歡狗，但只限於蓬鬆的小布娃娃？天可憐見，萬一他對狗過敏？**不行**，我會斥責自己，**別想了，多想也沒用**。

結果，我遇見了一個我很喜歡的人，我們初次約會，他就提到和前妻離婚時，失去了狗兒的撫養權，為此消沉了好久。我認為這是個好兆頭。何況，他不只知道蘇格蘭高地牛長什麼樣子，還說希望將來有天能養一頭，不只因為他是個農場主（其實他在金融業工作），也因為他覺得高地牛很美。我真的這麼好運嗎？我們交往的初期一帆風順。不久，交往後的第一個情人節即將到來，我猜他會送花。但他買了兩張百老匯的票，邀我一起去看《獅子王》。真用心啊我想。但約翰解釋，看戲是之後的約會，至於情人節當天，他想來我家找我；接著補上一句，他也會邀請他的好友瑞克・萊昂一起來。

我覺得很奇怪，但畢竟剛交往不久，實在不太了解他的心思。當天我換上可愛的短裙，戴上搖曳的耳環，把家裡打掃得一塵不染。約翰來了之後，上下打量了我幾眼，建議我換上比較休閒的衣服。先是那個叫瑞克的朋友要來當電燈泡已經讓我有點不爽了，現在又讓我換衣服，簡直故意要惹毛我。我氣沖沖走回房間，換上黑褲配高領毛衣出來。「嗯，很好看，但我建議妳可以穿得更休閒一點。」約翰打量我一番後又說。我氣炸了，索性衝回房間換上髒髒的運動衫和牛仔褲，回到客廳發現約翰正在把我的地毯捲起來。

「你在幹什麼？」我尖酸地問他。

「我忘了跟你說，瑞克也會帶他女兒來。」約翰又捲起另一塊地毯。「我擔心弄髒你的地毯，你也知道小寶寶嘛——而且她真的很野。」

如果我剛才只是有點不爽，此刻已經火冒三丈！我只能不斷安慰自己，大不了這是我們共度的最後一個情人節，只有這樣我才能保持冷靜。此外，我跟約翰說，等客人離開後，他得把地毯鋪回去。終於，門鈴響了。「我去開門。」約翰指著椅子對我說。「你，呃，在這裡等就好。」

我瞪著天花板，聽見大門打開又關上。片刻後，我低下頭，竟看見有隻獅子坐在我的玄關。不是瑞克．萊昂（獅子之意），而是真的獅子，一頭非洲獅！黃褐色的獸毛，嘴巴喘著大氣，有一對柔軟的圓耳朵，腳掌大如棒球手套，此刻正伸長了四肢趴在沒鋪地毯的地板上。獅子身後站著牠的飼主和三名下班後的員警，四個人握著牽繩。這頭獅子環顧公寓一圈，金黃色的眼睛最後鎖定了我。約翰拍下了這一刻，當時我的表情簡直跟聽見自己中了千萬獎金的人沒兩樣。

後來我才知道，約翰因緣際會認識了這位獅子飼主，對方聽說我很愛動物，主動提議帶獅子來拜訪。見到我當下倒抽一口氣，結結巴巴語無倫次，那人臉上露出樂不可支的表情。你如果有辦法用這般陣仗帶給人驚喜，大概也會有同樣的心境。獅子吃掉了裝在沙拉碗裡的兩隻全雞生肉後，允許我撫摸牠的背。牠的身體散發出一股層層盤繞的溫熱能量，那種觸感，我以前沒有過、往後也不曾再感受過。

「情人節快樂。」約翰說。

＊＊＊

我和約翰在隔年結婚了，我覺得比起婚姻這個形式，一起養狗反而讓我們的關係更緊密。我們的新狗狗叫庫伯，和茱莉一樣滿身紅毛，不過牠是一隻威爾斯史賓格獵犬（Welsh springer spaniel），鼻頭有星星點點的雀斑，體側白色的斑塊突顯出深栗棕色的毛皮。庫伯在都市過得和茱莉一樣開心，但不久他更是意外中了頭獎，因為約翰和我決定搬去鄉下住。我們並不是心血來潮忽然想搬家，住在動物環繞的鄉村向來是我想嘗試的生活，我和約翰結婚前，也確定他有同樣的想法。約翰賣掉了公司，打算動筆寫本書，住在哪裡都能寫，而我們的兒子不久也即將出生，所以搬家很顯然是必要之舉。

想像有個人熱愛糕點，但能吃到的糕點品項始終有限，現在忽然搬到了巴黎——那就是我搬到鄉下的心情。鄉下**到處都是**動物。野生的、豢養的、半放養的；長獸毛的、長羽毛的、長鰭的；珍貴的、平價的，或者最常見到的是自由自在的。家家戶戶都養狗，也養了貓——有些養在家裡，另外不計其數的一群則出沒於穀倉。我的鄰居多半養馬。綿羊成群結隊。我兒子的幼稚園位在山羊牧場正中央，山羊的主人正是幼稚園老師的父親。有時候老師教小朋友數數，教到一半瞥見山羊爬出籬笆，在操場上啃草啃得好不起勁，她還得跑出去把山羊趕回牧場草地，再奔回教室繼續教課。

現在好了，有充裕的土地能養各式各樣的動物，我該從哪裡開始？一想到有這麼多動物陪伴，我簡直欣喜若狂，但也有必要好好分析利弊。以前我總覺得，等我有夠大的空間，我一定會養一匹馬，但如今想到照顧馬的龐大勞務，我也不免卻步。我決定從小一點的動物入門。山羊的大小適中，也好像比馬好照顧，而且有那麼多山羊可供我挑選。

每天送兒子去上學後，我都會逗留一分鐘，盤算到底該不該養山羊，因為老師的父親幾乎隨時都有山羊待售。我開的是一輛掀背車，放奧斯汀在學校下車後，我可以買下山羊，讓牠坐進後座，回程順道去商店買飼料——等等，不行。不可能。我家院子還沒搭籬笆。再怎麼說也該先買本《山羊飼育新手入門》吧！舉棋不定的我，最後還是空手回家。

＊ ＊ ＊

幾年前，我去加拿大新斯科細亞省旅行，晚上住宿在一間絕品民宿。房屋是華美的維多利亞式農莊建築，床上鋪的是絎縫床單，早餐有新鮮現打奶油。但最棒的是民宿的花園養著精心挑選的各種動物，全都極其罕見。羊不是尋常的綿羊，而是異國黑綿羊，羊角彎得像玩具彈簧圈。沒有養雞，卻有爪哇孔雀和環頸雉。馬兒則是諾曼柯柏馬（Norman Cobs）和步態盧薩馬（Walkaloosa）。整座花園充滿魔幻的氣氛，所有動物都像是童話裡走出來的。

我時常想起新斯科細亞省的那座農莊，想久了也不禁納悶，當時我看到那麼多的動物，一時間居然四肢癱軟，大概是概念跟不上現實的緣故。換句話說，我如果要養動物，是不是需要一個主題？左養一頭山羊，右養一隻鴨，興許再加上穀倉裡的一隻貓，這樣似乎太隨興了。我的原則是什麼？新斯科細亞省農莊的主調是異國風情，但我不敢走那種路線，因為我的飼育經驗還不夠，沒膽挑戰我幾乎認不得的家畜。

有一天，我開車送紅頭髮的兒子去上學，回到家打開門迎接我的也是一隻紅毛的狗兒。我怎麼會沒注意到？我早已有個主題了：配色一致的動物農莊！這個主題一點道理也沒，只有我在心馳神往的狀態下才覺得很有邏輯。但當晚我把想法告訴外子，他很贊同，有部分是因為他也已經在收集蘇格蘭高地牛的資料，這種牛一般也是赤褐色的。

對於要不要養馬，我尚有些遲疑，但那陣子養雞的渴望在我胸口熊熊燃燒。我對所有動物普遍有好感，但向來不能算是個真正的愛鳥人士，所以我總以為飼養家禽的這股衝動是無端自己找上我的。後來我才知道，養雞的衝動無端找上我之際，也無端找上了全美各地數以千計的人，當時全國上下都被「自耕生活」風潮擄獲，連都市居民也不例外。而雞，正是新手入門很理想的農場動物，養起來輕鬆簡單，也能完美配合其他自耕生活的活動，例如自製優格、鈎織毛線。

雞不光是理想的新手入門動物，也可看成一種門檻動物，養了一隻雞，很快會有更多的雞，再來往往連鴨子、火雞、珠雞也一併養了。既然錢都投資下去，建了欄舍，搭了籬笆，很難不會愈陷愈深，成天想著還有很多空間可以再養幾隻什麼。我養了雞以後，發現自己也以穩定的步調持續購入更多家禽。有一天我去藥妝店買洗髮精，結果卻帶了四隻珠雞回家，誰教我開車回家的路上湊巧經過「特價出售」的看板！

珠雞全身黑白相間，不是紅色的，這嚴重偏離了我的紅色動物計畫，但反正買下珠雞的時候，我已經意識到這個計畫有點神經病。可以說，我已經充分適應了與動物為伍的新生活，不再覺得有必要非有個主題。

家裡的其他動物分別透過不同管道加入我們。火雞是一個朋友的心意。（當朋友知道你喜歡動物以後，你就會收到這種禮物。）貓當然也有——有些養來是有目的的，用來驅趕地下室的老鼠，也有些純屬意外，自己出現在我家門前之後就不肯走了。我最後之所以也養了鴨，是因為鄰居託我照顧他的鴨群過冬，但冬天過後他好像就忘了鴨子還在我這兒。至於驢子——我向來喜歡驢子，覺得這個物種魅力無法擋。但現在暫時還只是一張「我欠你一頭驢」的借條，約翰承諾會送我當生日禮物。以前我過生日總希望收到珠寶首飾，看來人是會變的。約翰則如願養了牛——先來了十頭安格斯黑牛湊合湊合，但他依然幻想有一天能養蘇格蘭高地牛。

我們的動物還不算多，我知道附近有人養了更多，像附近一座農場就養了兩千隻山羊。但以非專業農戶來說，我們稱得上六畜興旺。鬧得雞飛狗跳、雞犬不寧的日子還真多不勝數。

最近我又多了兩隻雞。那天，我去朋友家作客，臨別前她把這兩隻雞送給我，說是幫我午餐加菜。雞不太容易和彼此交朋友，所以我把新來的兩隻雞和我的雞群分開圈養，中間以鐵絲網隔開。雙方起初隔著網子叫陣互啄，後來慢慢無視對方，就這樣和平共處了一星期。我猜雙方應該準備好一起生活了，結果打開隔網不到一秒，舊雞群就在母雞美寶的率領下，氣勢洶洶地對新來的雞發動猛攻，我要是沒插手，新來的八成會被幹掉。

我家的兩隻貓坐在籠舍外看雞打架，臉上幾乎藏不住笑意。但沒多久，牠們發現最近常常在我家院子閒晃的一隻流浪貓也在一旁看戲。三隻貓為了誰才有資格觀賞精彩絕倫的群雞武鬥大戲僵持不下，一個個怒火中燒，死守原地朝著彼此號叫，聲音大得像是被誰接上了擴音喇叭，叫嚷持續得沒完沒了。同時間，查理王子和卡蜜拉——我養的兩隻珠雞——也跑來湊熱鬧。我真沒想到會看到牠們，因為前幾天牠倆才因為霸凌群雞被我趕出雞舍。只見牠們大聲鳴叫，猛拍翅膀，作勢要把先前沒欺負完的繼續下去，樣子看了令人火大。

我們的狗飛奔來看這裡在騷動什麼，一見到雞隻大亂鬥和兩隻珠雞趾高氣昂的樣子，狗兒也興奮得發狂，朝著查理王子狂吠。查理王子振翅飛越籬笆，在雞舍內一落地，立刻追著美寶猛啄。卡蜜兒相對溫順，站在一旁袖手旁觀，順帶把一隻蜘蛛慢慢啄死，當成午餐下肚。嘉莉，我家貓中比較好戰的一隻，大概覺得吼夠流浪貓了，慢悠悠地消失在樹叢片刻，獵了一隻兔子，順帶替自己洗了個澡。

在這幅田園風情畫中，只見約翰拿著今天收到的郵件走來，裡頭有個包裹裝著三千隻幼年虎頭蜂，準備釋放到牧牛草場，約翰指望靠虎頭蜂捕食侵擾牛隻的牛虻。我突然覺得自己需要暫時脫離這般和樂融融的動物生活，於是轉身回屋裡玩我的線上拼字遊戲去了。

* * *

藝術評論家兼哲學思考者約翰·伯格（John Berger）曾說，人喜歡觀看動物，因為動物令人憶起過往，想起我們曾經也過著農耕生活，生活中經常可見動物的蹤跡。我同意他的看法，但我也覺得，我們喜歡觀看動物，也是因為動物搞笑、有趣、可親。我家的動物不少都有工作：我的雞負責下蛋；狗負責嚇跑快遞員；貓呢，牠們無視責任的傲慢天性倒也提醒我，有空別忘了聯絡除蟲業者來驅除地下室的老鼠。這些動物全都有功用，就算有的功用倒不是多具體，只是為我每天的生活添上一層溫暖、美好、無從預料的紋理，但如此我也滿足了。

我想養動物的歷史有多長，想書寫動物的念頭就有多久。我寫過的第一本書，是用鉛筆寫在便條紙上，再用訂書針裝訂起來的手稿，書名叫《近視鴿赫伯特》（*Hebert the Near-Sighted Pigeon*）。故事說的是一隻鴿子患有近視，人際關係令他苦惱萬分，因為他老是認不出朋友。直到獲得診斷配了眼鏡以後，他才總算得以修補友誼，也有自信多了。我五歲時寫了這本書——我不確定是不是真的這麼小，但總之這是家族流傳的說法。

在近視鴿後，我又寫下成千上萬篇馬兒的故事，絕大多數都是期待寫著寫著就能心想事成，把馬兒召喚進我的生活。實際以寫作為業以後，我對動物的故事一直情有獨鍾，但寫出來總會變成以人為中心的故事，號稱與動物有關，但看見的比較像是人與動物的關係。在這些故事中，書寫動物的部分尤其困難。人性有辦法理解，但動物高深莫測，所以我們最好的辦法也只有透過人的目光設法了解動物，包括與動物一同生活的人、運用動物的人、養育動物的人，或想要擁有動物的人。

我最接近單寫動物、排除周圍所有人物背景的一次，是替一隻犬展名狗寫的側訪。他是一隻名叫重拳（Biff）的拳師犬。我會答應寫這篇專訪，是因為我很好奇犬界名模過著怎樣的生活。對於重拳的隨扈——他的飼主、指導手、美容師，我雖然也感興趣，但我更想直接認識**他**，不是旁人對他的看法，而是他這個有生命的個體。

為求做到這點，我覺得我有必要和他單獨相處片刻。撰寫名人專訪時提出這種要求，往往容易引起糾紛。就像記者希望有機會一對一採訪，但名人身邊的團隊出於謹慎，多半希望有人在旁作為緩衝，以免名人在近距離的檢視下，一舉一動都被記錄下來。但這一次，我很堅持。我向他的飼主解釋，我希望單獨認識重拳，了解他獨處時是隻怎樣的狗。他們雖然不太情願，最後還是同意了。

他們建議我趁他在指導手家中的時候去訪問他。於是，約定會面當天，我開車抵達指導手居住的紐約長島。她領我走進車庫，裡面設置了一部專為狗設計的跑步機，叫慢跑大師（Jog-Master）。她讓重拳在跑步機上就定位，開啟開關，臨走之前狐疑地看了我一眼，用調皮的語氣說：「好啦，我讓你們兩個慢慢獨處。」我坐進椅子，掏出筆記本。重拳跟著跑步機的速度小跑起來，嘴巴微微張開喘氣，幾乎沒把我放在眼裡。幾分鐘後我闔上筆記本，收回背包，上面只寫了一行字：**狗不會說話**。

* * *

我寫過馴養的動物，也寫過野生動物，兩者我都樂在其中，但我覺得自己對馴養動物更有興趣——不過，我最感興趣的或許是跨足這兩個世界的動物。書裡發表時間最近的一篇故事，寫的就是兔子，一個我以前很少深思的物種。但我後來發現，兔子的迷人之處就在於，牠們幾乎能歸類到任何一種動物分類。兔子有野生的，也有馴養的；可以是寵物，也可能是肉源；有時受人寵愛，有時又被視為危害。書裡年代最久遠的一篇故事，寫的是虎鯨惠子（Keiko），他原本是野生虎鯨，但幼時就遭人類捕捉，賣到墨西哥一間水族樂園。幾年後又被人類選中，飾演電影《威鯨闖天關》（*Free Willy*）的鯨魚威利。電影描述住在水族館裡的一隻鯨魚，與一名男孩結為朋友，最終在男孩幫助下回歸自由。演出結束後，惠子回到長年生活的水族館，但電影觀眾卻群起抗議，要求館方應該效仿電影放他自由。問題是，惠子長年生活在人工圈養環境，既沒有能力、也早已失去自力生存的渴望。人類為了說服他重回海洋，策劃的行動超乎想像。

動物世界也是我們的世界，如今就算是世界上最蠻荒的地方，都有人類留下的指印。所謂的荒野，已經很難找到它原始純粹的型態。南非有一個與獅子合作的男人，我在寫他的故事時才驚覺，非洲未經圈限的野地原來已經少之又少——幾乎所有「野地」都受到某種形式的管理。尤其在南非，到哪裡都有鐵絲圍籬，每一種動物的族群數量都有人計數。同樣的，聽到世界上被圈養的老虎數量多於野生老虎，我一時間也啞然無言。

我們或許會覺得動物世界是與人類世界有別的另一個天地，就像繞著地球轉動的月球，但其實將兩者的關係比喻成一塊織物會更貼切。人類世界若是緯線，有些動物離緯線比較近，有的離得比較遠，但我們無疑都是共同生活於一處的居民，而且彼此的間隔正在逐日縮小，而非逐日擴大。例如，最近才有一頭棕熊出現在洛杉磯郊區逛大街——類似的事件引人注目，但其實並不罕見。我在住家附近也常撞見郊狼和野鹿。全球各地動物園裡的動物，也和人類一樣受到COVID-19疫情的衝擊。

我想，我這一生應該永遠會被動物包圍，也永遠會想書寫牠們。動物愈是不可探知，愈是挑起我的鬥志。人類對動物的愛意，我也深感興趣，我常常要忍住把動物擬人化的衝動，但我真的覺得動物打從根本曉得一些我們不明瞭的生之奧義。我很高興能有動物相伴。

1 當紅炸子雞

珍奈特・邦妮（Janet Bonney）對著她的母雞做人對喙人工呼吸，藉此暖和在暴風雪中凍僵的母雞七號，並且悉心照料，直到母雞活過來——親手餵食兼按摩，還鼓勵母雞就醫——要不是看到這個電視節目，我可能永遠不會成為愛雞人士。偏生湊巧，我在前幾年看到這部名為《雞的自然史》（*The Natural History of the Chicken*）的紀錄片，開頭就是邦妮和母雞七號的故事，養雞的念頭生平第一次浮現在我腦中。

還沒看過那部紀錄片之前，我並沒有為雞狂熱的症狀。但看到母雞七號悠悠醒轉，接著鏡頭一轉，帶入充滿異國風情的母雞和小後院雞群的美麗片段，我忽然覺得好想養雞，迫切的程度甚至超越我青少女時代想養馬的瘋狂渴望。起初，我以為只有我一個人經歷了觀影後為雞著迷的階段，後來才發現，原來全國各地乃至海外都興起了一股養雞熱潮。雞，似乎充分結合了當下這個社會的經濟、環境、食物和情感狀態，再加上過去這幾年來，雞的形象獲得洗雪，轉變幅度之驚人，很值得請市場營銷顧問來研究研究。現在我實際養了雞（上次數過有七隻，但掠食者虎視眈眈，這個數字恐怕隨時有變數），頓時我也成了人人稱羨的對象，這輩子我還是頭一次感覺到這麼多人羨慕我。

如果把養雞的意願，結合年齡、性別、持有土地面積、食慾、審美容忍度等條件畫成文氏圖，我會落在正中心所有圓圈重疊的那個點：我就是雞的標準受眾。這件事即使到了擁有好幾隻雞的此刻，還是讓我大感驚訝。我的確愛動物成痴，但我向來喜歡有毛皮的動物，我從來就沒想過要養鳥。幾年前離開曼哈頓，北上一百多英里，搬到一個周圍土地開闊且友善動物的地區，我第一個盤算想養的動物是馬，後來勉為其難下修成驢子。在鄰居家看到幾隻鴨子，覺得很可愛，一度閃過養鴨的念頭，但我們家沒有池塘，一想到要是養了鴨，水源只有一個玩具反斗城買來的塑膠充氣兒童泳池，好像有些煞風景，壞了質樸的鄉村情調。

我看完《雞的自然史》時，家禽界已經騷動有一陣子了。一九八二年，瑪莎·史都華（Martha Stewart）出版她的第一本書《居家妙趣》（*Entertaining*），書中展示了她家養的一群稀有品種雞，與雞生下的漂亮粉彩色系雞蛋。史都華被雞群包圍的照片彷彿天降啟示。這之前四十多年來，養雞一向被貶為低下的職業，卡在中間要上不下，不比高風險高報酬的養牛業，又不如回去腳踏實地栽種作物。工廠養殖雞隻尤其差勁，工廠雞擠在慘無人道的小隔間，牠們的處境比起動物還更像植物，只不過依舊又髒又臭又有感情。總之，以前只要與雞相關，沒有半分光彩事蹟可言。

史都華的書暢銷了數十萬冊。讀者對於如何烹煮她的咖哩胡桃雞食譜，興趣可能大過於如何飼養及照顧活跳跳的雞，但只要翻過那本書，絕對會注意到史都華對養雞的熱烈背書。往後幾年間，史都華發行了自己的雜誌，重點彩照經常選用她的雞的照片，這些以超級名模之姿拍下的大頭照讓雞盡顯尊貴且光彩照人。她也透過雜誌推廣一套漂亮的油漆色彩組合，根據的正是她的雞所產下的蛋殼顏色。總而言之，雞在她的宣傳下漸漸不像家禽，更像一種實用又親人、討喜又好玩的小動物。她一有機會就高倡養雞的趣味。「我家的雞個個都有名字，無一例外。」她聲稱。「每一隻我都認識，我還會為他們操心，萬一出了什麼事，我真的會很難過。像我的埃及法尤姆雞（Egyptian Fayoumi）凍死，我傷心了好久。」她嘆了口氣：「太可怕了，我再也不會想養法尤姆雞。」

* * *

不久前，我養的一隻雞身體有恙，我帶牠在獸醫院候診，旁邊坐了一個紅臉男子帶著一隻瘸腿的貴賓狗。我用貓籠關著雞，那個男人斜過來往我的貓籠瞄了一眼，從他的表情就知道，他一定以為會看到一隻喵喵叫的小貓。他又仔細看了一眼，接著往後仰靠回座位：「看來雞又是現在當紅的寵物了。」

是，也不是。在一九五〇年代以前，家裡養幾隻雞是很普遍的事。雞便宜實惠又容易飼養；養牛羊要看天氣，但雞承受得了天氣變化，吃些剩菜、蟲子就能活，需要的空間也小，最簡單的欄舍就行了。而且雞掘土找蟲還能順帶讓庭院的土壤更肥沃。撿雞蛋更是一件省力的差事，孩子經常被指派去做；相較之下，擠奶取肉或割毛紡線都是繁重的工作，須由熟練的成年人來做。雞也是很好的投資。百年前，買一隻小雞大約花十五美分，能下蛋的母雞一隻也才幾美元，母雞下蛋的巔峰時期可持續兩到三年，產卵季節每天能下一顆蛋，不再下蛋以後還能煮來吃。

如今，一年四季在超市都能買到雞蛋，這是相對晚近才有的發展。以前的人只有家裡的雞下蛋了才會吃雞蛋，要不是有了商用雞蛋孵化器，也不會有大規模的養雞業。商用孵蛋器發明於十九世紀晚期，先不說發明後的數十年間一直未受到廣泛使用，即便後來普及了，產蛋速度依然緩慢。一九三〇年代，美國農業部推動「國家禽類改良計畫」（National Poultry Improvement Plan），發展起工廠化農業。即便如此，雞蛋仍和魚卵一樣，只會在特定季節出產，所以很多人依舊養雞在家，讓自家有穩定的蛋源。

雞的特殊之處，在於素有「女人的牲口」之稱；女人與雞似乎天生和睦。早年的雞禽飼育雜誌如《家家有禽》（*Everybody's Poultry Magazine*）、《禽旺》（*Poultry Success*）和《農婦田園札記》（*Farm Journal and Farmer's Wife*），封面不外乎是陽光和煦的農場裡，婦女孩童展顏歡笑，母雞小雞圍繞腳邊的溫馨圖像。一九一九年出版的《漫步安科納》（*Little Journey Among Anconas*）一書大力吹捧安科納雞（Ancona chicken）這個品種，書中最令人眼睛一亮的莫過於一張照片，照片中少女身穿一襲清新的夏日洋裝，愛憐地望著停棲在右手上的黑雞。

雞的體型小又好掌握，幾乎可看成一座會走路又會咕咕叫的菜園。開闢苗圃，種植蔬菜和香草植物以供烹飪之需，在當時也被視為女性的工作。農家婦女常會賣掉多餘的雞蛋，掙點零頭當私房錢。一八九三年的《女子能做之事》（*What Can a Woman Do*）一書中，建議女性從事記者、牙科、作詩、養雞等職業（其他農務只列出養蜂和園藝）。作家瑪莎・露易絲・芮恩（Martha Louise Rayne）也寫道——不，應該說大聲呼告：「**雞蛋裡有黃金**。」她講述了一段故事，內容是說從前有兩名「命運多舛而無家可歸的女子」一起經營養雞場，終於喜獲豐碩的成果。（不過故事結局悲涼，其中一名養雞女最後決定嫁作人婦，背棄了她的雞和事業夥伴。）芮恩建議，就算是已婚婦女也可以養雞，因為養雞不會與其他家務相互牴觸。

十九世紀初常見的穀倉雞，頭上有紅冠，羽毛呈紅色或棕色帶有光澤，除了長得油亮健壯之外，外表無甚特出。後來到了一八四〇年代，禽鳥愛好者把中國的一個雞種引入北美和大不列顛。其中體態最豐腴、羽毛最蓬鬆者被挑選出來，培育成觀賞用品種，取名為「喀欽雞」（Cochin chicken），長得就像一個會走路的粉撲。喀欽雞令世人為之轟動，培育、展示、交易的熱潮於焉誕生，進而演變成投機泡沫，規模不下於十六世紀的荷蘭鬱金香狂熱或維多利亞時代的蘭花熱。

當時喀欽雞的身價高漲至離譜的境界，曾有一對喀欽雞開出七百美元的售價，近乎是一對普通雞隻售價的萬倍。上自維多利亞女王，下至國會議員，人人都想擁有一隻尊貴非凡的喀欽雞，尤其傳聞喀欽雞聰明絕頂，甚至能產下重逾四百克的雞蛋，更是令眾人趨之若鶩。這股喀欽雞狂潮又被稱為「養雞熱」（hen fever）。有趣的是，雞雖然向來與婦女關係密切，但被養雞熱沖昏頭的卻是男人多過於女人。《世紀雜誌》（*The Century Magazine*）在一八九八年報導指出，「雞男」一旦中了養雞熱，很可能會對生活中一切事物頓失興趣，整天看的想的就只有雞，「原本熱心研讀莎士比亞……如今卻成天默念《農禽》（*Farm Poultry*）或《育雞事典》（*The Care of Hens*）。」

時日久了，不免有奸商和騙子滲透交易市場，連馬戲團大亨巴納姆（P. T. Barnum）也蹚了一腳。（雞商給普通雞黏上羽毛以假扮喀欽雞魚目混珠的事，當時所在多有。）但沒過多久，世人終究漸漸醒悟，想靠買賣珍稀雞種獲利，從頭到尾無非只是一場幻夢，引領喀欽雞風潮的艾伯特親王等人，一個個厭倦並放棄了這項嗜好。至於那些屋舍不大卻被過量囤購的雞則接連死去，養雞熱最終冷卻下來。男人重拾了他們的莎士比亞，雞也回到過去的地位，只是農莊裡健壯可靠的勞工。

不過，雞依舊是多數人家裡常有的配置，美國人雖然漸漸從鄉村遷向都市，也還是會帶著家裡養的雞同行。城市禁止養雞是近幾十年來才有的規矩，當時很少有哪一座城市會特別明文禁止。從鄉村搬到城鎮，不可能帶上家裡的牛，因為十之八九沒有空間容納牠，但任誰只要有一小片草地，就還是養得了一兩隻雞。

至於平價量販雞蛋，則要到一九五〇年代才變得隨處可得，與美國人嚮往起整潔衛生的郊區生活，約莫是同一個時期。你覺得五〇年代滿懷抱負的年輕夫妻會希望在他們的殖民時期錯層洋房四周，在鋪石板的庭院裡和鞦韆架旁，看見雞走來走去四處啄食嗎？現代的氛圍，現代的**定義**，就是把農村拋在腦後，擺脫與農村生活的任何連結。包括約翰．伯格在內，許多哲學家都主張：我們所謂的現代性，始於人不再仰賴動物用處的那一刻——民眾不再騎乘動物，不再飼育或擠奶。除了偶爾作為裝飾點綴，動物已經消失在我們的日常生活當中。

也因此，養雞被貶為老派，不久就連雞蛋也成了嫌疑犯。一九六四年，德國生化學者康拉德．布洛赫（Konrad Bloch）和費歐多．呂南（Feodor Lynen）以膽固醇相關研究獲得該年度諾貝爾生理醫學獎。他們的研究揭示了動脈硬化和血管病變的駭人影像，針對雞蛋的抨擊緊隨而來，將矛頭指向飽含膽固醇的蛋黃。「美國雞蛋委員會」為對抗傳言，於一九七六年發起「難以置信的可食雞蛋」（Incredible Edible Egg）運動，但負面消息累積的影響所及，休閒養雞在這個國家看來氣數已盡。

＊＊＊

我當初下定決心非養雞不可，可是實際該怎麼進行，卻沒什麼頭緒。我住在鄉村，在人家的農場裡看到不少雞，偶爾路過會停下來問問主人能不能賣我兩隻母雞，但誰也不想割愛，因為發育成熟的母雞很會下蛋，這等寶貴資產拱手讓人太可惜了。到了春天，附近飼料店裡小籠子堆疊成山，裡頭滿是呆頭呆腦往外看的小雞，身體毛絨絨的像一團棉花。但法律規定一次至少得買六隻小雞，而想到必須準備保溫燈，小雞夭折率又高，我就覺得惶恐不安。況且還要擔心，除非你是專業小雞性別鑑定師（這在家禽業是重責大任），否則不可能看出小雞的性別，所以你很可能買回了六隻小雞，日後才發現都是公雞。喜歡華美羽毛的人倒是無所謂，但如果你幻想能撿雞蛋，公雞就沒啥用處了。

話說在前頭，我想養雞起初並不是為了雞蛋，我從沒吃過真正新鮮現撿的雞蛋，所以也不覺得買超市雞蛋有多大的問題，反正這些年來為了膽固醇指數著想，我幾乎沒怎麼吃雞蛋。但是正巧，到了我考慮要養雞時，雞蛋已經洗刷了冤名。二〇〇一年，堪薩斯州立大學研究者發表一篇廣受審核的研究，證實每天吃一兩顆雞蛋有益無害，因為人體吸收不了多少蛋黃內含的膽固醇（蛋白當然更是完全無辜）。高蛋白飲食，例如當時流行的阿特金斯飲食法（Atkins diet），經常提及歐姆蛋捲是近乎理想的一餐。到了二〇〇七年，美國蛋委會對於重建國人吃蛋的習慣有了充分的信心，再度發起「難以置信的可食雞蛋」運動。而且這一次，還招徠多位支持雞蛋的健康專家來擔任「雞蛋大使」。

約於同時，「百哩飲食」的觀念漸受推崇，意思是，不只要吃天然有機的食物，最好還要選擇自家方圓百里內栽種或飼養的食材；在地飲食「locavore」一詞從此躍入流行詞彙。要說在地，還有哪裡比得上自家後院？自己栽種萵苣和番茄做沙拉配菜很棒，但若能自己養雞，那就更理想了，因為那代表運用自家院子裡的食材就能做出一道主菜。對於更吹毛求疵的人，雞蛋別具魅力，因為它能當作蛋白質來源，卻又不必殺害任何生靈。在當時，誰若想設計一件能滿足社會關心焦點的產品，絕對不能不先養隻母雞再來發想。

剛開始想養雞的時候，我不知道家禽運動正興。我對雞一竅不通，也還沒在網路上發現十多個與雞相關的社團和論壇，例如Chicken 101（愛雞一〇一）、Housechicken（家有雞）、Cotton-Pickin Chickens（採棉雞）、Yard-poultry（庭院家禽）和My Pet Chicken（我的寵物雞）；我當時還不是BackYardChicken.com四萬名論壇會員的一員，也不是每月固定登入網頁觀賞作家泰莉．高森（Terry Golson）「母雞直播」（HenCam）的一萬五千名觀眾之一；高森住在波士頓近郊，透過網路線上直播自家後院的雞舍。我還沒買下克莉絲汀．海利希（Christine Heinrich）二〇〇七年出版的《養雞指南》（*How to Raise Chicken*），這是一本專為門外漢所寫、用詞淺白直率的指南，出版後屢創佳績，哪怕有些讀者說不定連一隻活雞都沒見過。

但我倒是發覺，每次向朋友提到想養雞，他們都會宣稱自己也想養。我確定這是針對某些物種才有的反應，因為我如果順勢接著說外子想養蘇格蘭高地牛，同一群人卻會露出吃驚的表情，然後無一例外問我：「為什麼？好奇特的愛好。」我想養雞的衝動在我朋友看來是無傷大雅也可理解的，而不是失去理智，幻想自己是《快樂農夫》（*Green Acres*）影集裡的角色，不計後果一頭栽向牲口裡去。此外，後女性主義提倡現代女性應該重拾農家婦女的手工藝技術，例如鉤織毛線、製作罐頭、刺繡拼布，養雞與此似乎也很契合。養雞是一項自己動手做的嗜好，DIY在當時剛形成浪潮，很受到推崇，被尊為自給自足的證明，是對手工活兒的禮讚，也是對麻木疏離的現代生活做出抵抗。

我開始物色雞舍，但我所找到的每一個造型都像狗屋和工具間的綜合體，體積龐大，至少可容納二十隻雞。依照我自己的想像，我只會節制地養個四隻而已。我很清楚我的底限。我想像我那謙卑的小小雞群，住在某種風格簡約的小小雞舍，外觀不會像開發失敗的建案常看到的袖珍瑞士滑雪小屋。某天晚上，我在網路上搜尋「外觀酷炫雞舍」和「現代設計雞舍」等等關鍵字，意外看到名為「愛格廬」（Eglu）的產品。那是一種矮胖的塑膠圓頂小屋，有各種繽紛的顏色，外型小巧可愛，空間專供容納四隻雞。更棒的是有訂購小屋**附加**母雞的選項——保證都是即將成熟的母雞（行話稱為「種母雞」），不會像我在附近飼料行問到的那樣，只能買六隻雌雄莫辨的小雞。而且還可以連雞帶屋宅配到我的郵遞地址。看來我找到心目中的雞舍——也找到我的雞了。

製造愛格廬的是英國公司歐姆雷（Omlet）。前些時候，我有機會和創辦人之一的強納森．保羅（Johannes Paul）聊天。保羅本來不是愛雞人士。二〇〇四年，他和公司其他三位創辦人還是倫敦皇家藝術學院工業設計系的學生，對畢業製作主題一籌莫展，題目是重新設計一樣日常物件。保羅的母親因為有養雞，便建議他們何不嘗試設計一個更好的雞舍。當時市面上能買到的雞舍和自家手工建造的一樣，材料幾乎都是木頭，不易清潔、難以保持乾燥，也很難做到密合絕緣。「塑膠真的太厲害了。」保羅告訴我。「我們在愛格廬上運用了旋轉模製法，成品一做出來就是密合的，沒有任何接縫，而且顏色想要多繽紛都可以。」這是雞舍第一次能做到外形摩登，手感也現代的程度。甚至在愛格盧剛上市時，很多人還以為是蘋果電腦推出的新產品。

學校教授表示激賞，親朋好友也很感興趣，四名學生於是決定到現實世界試驗這項產品。他們透過網路在歐洲線上發售，定價約六百美元，沒做任何廣告宣傳，結果第一年就售出一千間愛格盧，此後每年銷量翻升三倍。訂購的顧客大多選擇搭配雞隻的方案。保羅說，他們的顧客泰半是養雞新手。歐姆雷公司原本不大願意在美國販售愛格盧，因為運費實在太高了，而且他們覺得美國人對生機飲食、在地食材的興趣，落後歐洲人至少十年——也就是說，美國還不是一個養雞人國度。但因為詢問者眾，二〇〇六年歐姆雷公司終於決定把產品引進美國。

從那之後，生態趨勢監測網站TreeHugger.com原本形容都市養雞是「奇怪的生態習慣」，現在改而宣稱養雞是「風靡北美的運動」。許多城市對養雞禁令成功地提出異議，包括克里夫蘭、密蘇拉、安娜堡、麥迪遜，以及緬因州的波特蘭；也有法律手冊印行給任何希望挑戰居住城市養雞禁令的人。二〇〇九年的連署請願，更促使歐巴馬夫妻在白宮庭園多養了一群雞。（「莎夏和瑪麗亞一定會喜歡牠們的。」一名請願連署者寫道。「林肯總統的小兒子當年也在白宮養了名叫傑克的火雞。重拾這件快樂的事吧！」）幾年前始發行的《後院家禽》（*Backyard Poultry*）雜誌，如今印行量躍升至數十萬冊，出版商戴夫・貝朗傑（Dave Belanger）說，「現在商店通路都爭相陳列這本雜誌，反觀以前就算在書報攤，可能都難買到以雞為主題的雜誌。」很多寵物店在滿架子的貓罐頭和狗潔牙骨之外，也陳列了雞飼料。我最近更看到一個現代養雞人的終極證明：宜家家居改造論壇

（IKEAhackers）上有不只一篇教學文章，教人如何利用IKEA家具打造雞舍。

愛格盧可附加選購的雞，在美國是由「麥克墨瑞孵育所」（McMurray Hatchery）供應。從愛荷華州起家的這間公司，現在是全球最大的稀有品種家禽孵育場。產品型錄上刊列的雞有一百一十種。愛荷華州銀行家莫瑞．麥克墨瑞（Murray McMurray）於一九一七年創立了這家公司，他把賣雞當作興趣在經營。未料，經濟大蕭條期間，他的銀行倒閉，養雞業卻一飛沖天——聽起來與當代的情況也不無相似。銀行家墨瑞因此搖身成為雞業大亨墨瑞。麥克墨瑞孵育所不供應職業禽商，而只照顧那些想在後院養雞養鴨的民眾需求，單單二〇〇九年，雞隻銷售量就有一百七十萬隻，其中有每隻兩美元的日齡小雞，也有每隻十二點九五美元的種母雞。孵育所這兩年來一直都滿載運作，但廠裡的雞隻屢次還未及安排出貨，就已經預購一空。反觀以往唯一售罄的一年，印象中已經得追溯到一九九九年。公司總裁巴德．伍德（Bud Wood）認為，一九九九年雞隻售空，可歸因於民眾對千禧年的恐懼：「每當時局艱困，大家就想養雞。」

我訂購了一頂亮黃綠色的愛格盧，隨屋加購四隻赤羽母雞。愛格盧由UPS快遞送到我家，母雞則在幾天後寄達我所在地的郵局。「女士，您的包裹到了。」郵局員工用電話聯繫我，「裡面有東西咕咕叫。」我當即奔向鎮上領回包裹。包裹比我預期的重，比我想像中小，但倒是和郵局警告我的一樣吵。我回到家打開紙箱，把雞輕輕倒入與愛格盧相連的鐵絲圍欄。一共四隻幼齡母雞，都是羅德島紅雞（Rhode Island Red）雞交培育的新品種，叫紅羽薑果雞（Gingernut Ranger），長著亮褐色的眼睛，一身豐厚的紅羽上有星星點點的白斑。雞冠很小，呈淡粉色，關節突出的腿則是鮮黃色的。再過大約六週，牠們的雞冠會轉紅，腿會變淡變白，表示即將開始下蛋了。

大家向來詬病雞的一點，是認為雞很笨，就連有些愛雞人士也抱持相同的看法。我最近在網路上讀到一則留言，留言者就喜孜孜地宣稱她養的雞「超級歡樂，因為個個笨頭笨腦！」但我的母雞好像沒有很笨。牠們用定格動畫般的慢動作在雞舍裡來回探勘，每次牠們這樣晃頭晃腦走路，看上去就像卡通角色，但動作間其實帶有明快的警覺和敏銳的好奇心。我很快便發現，所謂的「啄序」並不只是比喻，雞真的會遵守嚴格的社會階層制度，每隻母雞會依序到餵食器旁吃飯，誰要是越線插隊了，其他母雞會一起發動啄擊，糾正那隻雞。

幾個星期過去，雞兒都安頓下來後，白天我會打開圍欄，放牠們自由閒晃。我如果也在戶外，雞群通常會前後跟著我，一面啄食地上的蟲子和小草，一面發出咕咕咕或呼嚕嚕的叫聲。我們家有五十多英畝地可以讓雞任意遊走，但可想而知，雞表現出身為寵物就是要與主人作對的衝動，認定下午打發時間最好的地方，就是在我家門口打盹兒，或窩進院子裡的長花盆。

無論如何，我就像戀愛中的人，對方做什麼都好。我發現光是看著牠們就很療癒。我從來不愛做家事，所以，當我變得凡是與雞相關的勞務，我都樂在其中時，連我自己都感到意外！我喜歡餵飼料補水，也喜歡拿水管沖洗愛格盧，我尤其喜歡去飼料店添購一捆捆乾草給牠們鋪巢，順便扛個幾袋五十磅裝的飼料回家。別的不說，照顧雞讓我覺得總算夠格稱自己是個在地人，而非投機跑到鄉下來享受的天真都市人。我的母雞頭一次下蛋時，我的心情驕傲得簡直和出席女兒的猶太教年禮沒兩樣。

養雞也有難過的時候。我的母雞送到家幾個月後，鄰居家好逸惡勞的老雞種狗大喇喇地跑進我家地界，扒開愛格廬的門，咬死了我的兩隻雞。我有夠不爽，但很快又透過網路雞隻社團，補上了四隻年輕的母雞。結果，新來的雞不久又少了兩隻，這次是在光天化日之下被劫走，八成是蒼鷹、或貓頭鷹、或郊狼、或浣熊、或狐狸幹的好事——林子裡每種動物都喜歡雞，雞飛不高，跑不快，打架也不夠兇，根本是手到擒來的目標。慘案後，我用鐵絲網搭了一個有網子罩頂的大圈欄，把愛格廬放進去，白天也不再讓母雞恣意散步。我以前沒想過雞在大自然裡是獵物。我所想像的田園風景裡，只有雞群在草坪上逍遙漫步，所有咂嘴垂涎的掠食者都被邊框給裁掉了。

＊＊＊

我養的雞一度只剩兩隻，這時我發現其中一隻母雞好像站不穩，也不再下蛋，而且體重掉了好多。我如果是正格的農夫，就會把牠淘汰——殺掉這隻雞就完事了。但我不是真正的農夫，所以我開始來來回回帶雞去看獸醫。獸醫診斷不出問題，只施打了一針類固醇，開了一些抗生素回家服用。可惜，母雞沒有好轉，站不穩的情況漸漸嚴重到必須由我抱著牠湊向飼料槽，不然牠自己吃不到飼料。獸醫向我道歉，說他真的不知道問題何在，他對鳥類所知有限（除非學生有意專精於飛禽，否則獸醫院系的課程只要求修一學期的禽類醫學）。我循線查到波士頓有一位飛禽專家，但他也不確定我的雞患了何種疾病。我自己做了一番研究，懷疑是馬立克氏病（Marek's disease），這一種具傳染性的雞腫瘤疾病會攻擊雞的神經系統，萬一傳染開來，有可能危害整個雞群。這隻生病的雞，是我個性最友善、最平靜的一隻母雞，只有她最喜歡被人抱在懷裡撫摸。生病前，她會下棕色的雞蛋，一個個大得像發條。我給她取名叫美女，但抗生素藥瓶上的病患名字寫的是「奧爾良雞」，我在沮喪擔憂中見了也忍不住覺得好笑。

我親手餵食美女，定期往鳥喙裡滴抗生素，除了我自己猜測可能得了馬立克氏病以外，她沒得到任何診斷。就這樣過了一個月，我終於體認到奧爾良雞飽受痛苦，再也沒有我能為她做的事了。我一天到晚吃雞肉，沒有道德立場能反對殺雞，但要我殺掉自己的寵物，我下不了手，所以我帶牠回到獸醫診所，獸醫替她注射了一劑致命劑量的戊巴比妥。我走出診間，在候診室啜泣起來。候診室裡空空蕩蕩，只有一個高壯的女人抱著一隻胖胖的巴哥犬。女人見狀走過來，攬著我的肩頭：「噢，親愛的，我很遺憾。是你的狗嗎？」

「不是。」我雙手摀臉抽噎著說：「是我的雞。」

＊　＊　＊

現在我一共養了七隻雞。我都說我有七隻母雞，可是其中有一隻——嫻靜可愛又害羞的蘿拉，最近證明了我對「雞隻真的很難鑑定性別」的看法。蘿拉長大後，喉下冒出紅又大的肉垂，每逢天亮就開始啼叫。所以正確數起來，我有六隻母雞和一隻意料之外的公雞。與此同時，養雞風潮似乎還在成倍擴大，但我也觀察到有點發展過頭的趨勢。我注意到一些跟風末期才有的現象，例如有廠商推出雞尿布，提供給那些想把雞養在屋內當寵物的人。愛格盧外型簡約、功能性還不夠，未來想必還會出現超越愛格盧的雞屋，說不定會走一個華麗頹廢風。

身在雞禽界的人無不都在想，下一個取代雞的動物會是什麼，大眾對雞的熱忱何時會發展到盡頭。《後院家禽》雜誌的戴夫覺得下一個流行的會是山羊。麥克墨瑞孵育所的執行長巴德認為下一個引領潮流的會是鴨子。但依我看，雞有長踞地位的實力。雞熬過了養雞泡沫，熬過了對膽固醇的恐懼，縱有大規模社會變遷將牠們逐出後院，雞也挺了過來。就算未來面對尿布之亂，面對金碧輝煌的雞屋，面對鴨子身價上揚，雞應該也有能力撐過去。這個長著羽毛的生物，永遠陽光開朗，永遠用途多多，雞的價值一定能恆久流傳。

2 狗明星

我如果是一條小母狗，肯定會愛上「重拳」比夫・楚斯德。他簡直十全十美。待人和善，長得帥，有錢又有名，而且體能狀態絕佳。他幾乎從來不會嘴角流沫，也不害怕許下承諾。他想要孩子——其實他已經有孩子了，不過多多益善嘛。他工作認真，是個職業行家，但也懂得放鬆享樂。

他最喜歡的是食物和性愛。旁人聽了可能覺得粗俗，但不是的，他只是崇尚原始。他喜歡食物甚至甚於性愛。狗餅乾、薄荷和飯店香皂是他的最愛，但凡是能吃的，基本上他來者不拒。理查・克利格（Richard Krieger）是重拳身邊一個朋友，偶爾會載他去指定地點赴約。理查不久前說：「我們開車走95號州際公路，常會在麥當勞停一下，重拳就算原本在打盹，只要接近麥當勞一定會醒來。我會幫他買幾個原味漢堡麵包——不要番茄醬，不要芥末醬，也不要酸黃瓜。他特愛吃漢堡。我不會點薯條給他，但我自己會點一份，不時塞幾根到後座給他。」

你只要在附近吃東西讓重拳看到了，他一定會湊過來想嘗一口。管它是烤牛肉冷盤、蘇打餅乾、巧克力、義大利麵還是阿斯匹靈，他都會隔著鼻梁上的皺紋，雙眼直勾勾地看著你，眼角下垂，嘴唇顫抖，難得讓一小滴口水滲出嘴角。他會看得你覺得自己未免小氣，於心不忍下還是給他吃了一口。這一齣戲碼天天上演，讓認識他的人備感為難，因為重拳得控制體重才行。他平時雖然瘦得像超級名模凱特．摩絲，但也容易一個眨眼就胖了一公斤多。逢年過節特別棘手。他家住在麻州阿特列波羅市，耶誕假期他休假在家，周圍充滿了美食誘惑，沒有行程壓力，很容易成天吃個不停。

胖起來的贅肉，首先都長在他的脖子上。幸好，重拳很喜歡健身。一天跑步兩次，每次跑十五到二十分鐘，有時到戶外跑，有時踩跑步機。假如覺得最近步伐沉重，他就會跑久一點，點心也暫時不吃，直到恢復三十四公斤的理想體重。

重拳是一頭拳獅犬，犬展的狗明星，參賽名號叫「冠軍高科技仲裁」（Champion Hi-tech's Arbitrage）。維持外貌不單是為了滿足虛榮心，也是職責所在。犬展狗生涯短暫，評審的目光又犀利無情，對於每個品種，除了各有一套評量外表和脾氣的嚴格標準，實際上場後又另有難以量化的魅力元素。參展狗假如太胖、太懶，或繃著一張臉，就得不了獎；得不了獎，就無法享有得獎者的優惠待遇，例如成為狗明星代言人，在寶路狗食罐頭包裝上亮相——話說，重拳很快會是下一個代言人；或是得以從貌美的母犬中挑選對象傳宗接代，每次可收費六百美元——重拳每個月會播種三到四次。另一項得獎犬可以獲得的優待，就是一年到頭幾乎每個週末巡迴至全美各地參展時，都能聽見滿坑滿谷的人為他鼓掌喝采、高呼其名、大聲稱讚他是隻乖狗狗，對此，重拳看起來樂在其中，至少雀躍的程度不亞於吃掉一塊肥皂。

* * *

再過不久，重拳就不必這麼注意飲食了。這個星期參加完西敏寺犬展（Westminster Kennel Club）後，他將會從活躍的犬展生涯退休，改當全職種犬。此刻退休對他來說正是時候。去年一年，他獲得的犬展獎項超越任何一隻拳師犬，就連純種工作犬組的組別中，也沒有哪隻狗比得上他，包括了阿拉斯加雪橇犬、伯恩山犬、杜賓犬、大丹犬、紐芬蘭犬、葡萄牙水犬、羅威納犬、聖伯納犬、西伯利亞哈士奇犬、標準型雪納瑞犬。

拳師犬的命名由來，是因為他們打架時有用後肢站立、前掌互毆的習性。培育這個品種，目的原是為了當作護衛犬——表面看似不好招惹，相處時卻親人討喜，這就是他們的職責。除了重拳這樣的犬展狗，多數拳師犬的生活過得相對悠哉。去年的西敏寺犬展上，重拳獲選為優勝拳師犬及優勝工作犬，也是全展最優勝犬呼聲極高的入圍者，那是每一隻犬展狗所盼望的最高榮譽。今年他有望再次奪得所屬品種及組別的冠軍，也仍是角逐最優勝犬的頭號人選，但此次風向對他不利，因為本屆評審出了名地偏愛貴賓犬。

重拳現年四歲，正處於生涯巔峰，在賽場上應該還能再待幾年，但他現在急流勇退，可以把表現空間留給剛踏入犬展事業的兒子崔倫特和雷克斯。何況他現在退休，還能以冠軍之姿受到紀念。往後，重拳就不必再花那麼多時間搭飛機往返了，他的犬展生涯中就屬這個環節他不是很喜歡。以後多了時間與飼主楚斯德夫婦相處，說不定能說動他們放寬吃點心的限制。

重拳有一身厚實的短毛，像狐狸般的赤紅毛色，腳掌到腳踝是白色，胸口也有一塊形似緬因州的白斑。他的肌肉線條在毛皮底下一覽無遺，但不至於顯得渾身筋肉。他的面部上揚，略向內凹，臉上像戴了黑色眼罩，嘴唇溼軟，臉中心有許願骨形狀的白斑，表情活像哪裡的小鎮市長，誠摯熱心中帶了些煩惱和操勞。有人說過重拳長得有點像前總統柯林頓，重拳的長相是他的資產。很多人覺得拳師犬應該骨架更粗大、身體更健壯——要像舉重選手，而非馬拉松跑者，這樣才好看。但幾乎人人都同意，重拳擁有近乎完美的頭部。

「重拳的頭承自他爸爸。」職業是獸醫的威廉．楚斯德（William Truesdale）向我解釋。那天我們在他位於阿特列波羅市的家中客廳，窗外可以遠眺好幾公頃綿延起伏、圍築籬笆的田野。他們家是一棟空間開敞的牧場農莊，陽光灑落每個角落，廚房粉刷成時髦的淡粉色系，每一面牆上都能看到拳擊手的圖像。楚斯德夫婦沒有小孩，但不論何時，家中起碼有六隻狗一同生活。你如果狗食廣告看得夠多，說不定也見過威廉——廣告中，年輕英俊的黑髮獸醫師熱心推薦寶路袋裝飼料產品，身旁好幾條拳師犬圍著他跑跳碰，那個人就是威廉。

「重拳的頭可以說陽剛中混著優雅。」威廉接著說，「口鼻周圍不會太過溼潤，差不多正合理想。當然了，他的強項就在這裡。」他指著重拳的髻甲解釋，重拳的肩肱骨關節角度正好撐起了他健美的胸膛和前肢，大概是這個意思吧。重拳趁著威廉說話之際爬上沙發，一屁股坐在躲在抱枕底下的布萊恩身上。布萊恩是他的同伴，一隻迷你查理王小獵犬，大小和一個茶壺差不多，平時鎮靜的程度和一隻蜂鳥也差不多，完全靜不下來，這是年紀尚小就去參展的結果。布萊恩有一次咬了評審一口，女主人蒂娜說，布萊恩會犯這個錯，是因為他當時對於被人觸摸有一點心理障礙。布萊恩的參賽名號是「冠軍岩漿高科技人」，不久之後他就會重回賽場，但現在他多半充任重拳的日常玩伴。重拳一坐到他身上，他便開始不停扭動，重拳用前掌拍打他，他崇拜地看了重拳一眼。

「重拳的身體則遺傳自他媽媽。」蒂娜逕自說著，「她的身體很有肉。」

「其實以母犬來說，稍微有點太壯了，」威廉說。「體態豐潤，我會形容她很豐腴。」

「不過，重拳的爸爸正好需要這種互補。」蒂娜說。「他叫泰洛，幾乎無可挑剔。泰洛的頭部非常漂亮，只差在身體有點纖細，可能算有點單薄。」

「甚至有點陰柔。」威廉不無感慨。「其實呀，泰洛如果是母的，會是非常出色的母犬。」

＊　＊　＊

第一次見到重拳時，他嗅了嗅我的褲子，用後腳站起來，盯著我的臉瞧了一會兒，忽然轉身跑向廚房，廚房裡有人在煮通心麵。那是位於紐約長島威斯特柏立（Westbury），二十九歲專業犬指導手金貝莉・帕斯特拉（Kimberly Pastella）的家。重拳工作期間都和金柏莉同住。去年，他們每個週末至少參加一場犬展。如果是坐車去，金貝莉會開上她的小貨車。如果要搭飛機，她在客艙，他在貨艙；到了旅館，他們一定同住一間房。

金貝莉向我說明工作行程時，我聽見重拳在廚房翻箱倒櫃。「拳拳！」金貝莉大喝。重拳一臉佯裝驚惶的表情快步跑回房間，尾巴前後規律甩動。經過修剪的尾巴，長度和形狀都像抽了一半的細雪茄菸。金貝莉解釋，她樓下寢室裡有一頭母犬，剛從賓夕法尼亞州送來，準備與另一名客戶的種犬配種。重拳能聞到母犬的氣味，所以有點坐立難安。「走，拳拳。」她對重拳說，「我們去跑步。」我跟著走進車庫，裡頭架設了一台跑步機，金屬扶手上掛著重拳的項圈。重拳一個箭步跳上跑步機，伸長脖子讓金貝莉替他扣上項圈。金貝莉彎下腰才按下啟動鈕，他立刻小跑起來。狗爪子在橡膠跑帶上連續敲出輕巧的響聲。

除了他自己一個叫百福（Biffle）的兒子生來容易惹毛他，重拳跟誰都處得來。《犬新聞》（*Dog News*）網站創辦者之一麥特・史丹德（Matt Stander）表示：「重拳的個性很討人喜歡。他有一種妙不可言的性格，非常特別。隨時都樂意貢獻自己幫助別人。」楚斯德夫婦有一天下午向我透露是什麼心理機制造就了重拳的獨特個性。「重拳很重視溝通交流，」威廉說。「我們培育他的時候必須慎重記住這點，他外表看似剛強，其實有個脆弱的自我。高聲責罵他會引起劇烈反應，留下的傷害不容忽視。」

「他是我**造就**的。」蒂娜說。「我培養出重拳現在的個性。他小時候個性蠻橫，但我認為那是優秀表演犬的必備條件。他以前**脾氣**可大了！只是體型縮小而已，跟人沒兩樣！」說到激動處，她也昂起下巴，肩膀前後擺動。蒂娜的身材嬌小玲瓏，眼距偏寬，脖子如芭蕾舞者般纖細修長。她在哥斯大黎加一座農場長大，在她的家鄉，狗兒和其他家畜的地位無異。一九八七年，威廉送給她一條羅威納犬當看門狗，還有一條拳師犬，因為他自己向來喜歡拳師犬。蒂娜隨即決定試試水溫，帶他們去參加犬展。如今，她會親手鉤織有姓名字母花押的耶誕襪給家裡每一隻動物，此外幾乎每星期都會看一次重拳在西敏寺犬展獲獎的錄影帶。「我從一開始就不斷灌輸重拳一個觀念，讓他覺得自己是全世界最帥氣的狗。」蒂娜說。

「他不太像我。」威廉說。「我比較像黃金獵犬。」

「重拳的性格像我啦。」蒂娜說。「我很有主見，張牙舞爪又嗓門大。重拳也是，自我意識強烈，自我中心，凡事先顧自己。他覺得自己很特別、很重要，不喜歡與人分享。」

＊　＊　＊

重拳是無價之寶。假如硬要楚斯德夫妻開個價，他們可能會說重拳的身價在十萬美元上下。但他們又說，有一名日本狗迷最近開出一張空白簽名支票給蒂娜求購重拳（她當場就把支票扔了）。

就算有那張支票，培育犬展狗對飼主來說仍是一項燒錢的事業。請優良的指導手帶狗參展，每日費用在三百到四百美元，旅行開支另計，而只要是目標優勝的狗，一年起碼有一百天要上路巡迴參展。請專業犬隻攝影師拍攝肖像照，一張索費數百美元，但認真看待事業的飼主一定會請人拍照，然後花錢在犬展雜誌上刊登滿版全彩照。想要讓你的狗或你自己在展場上打響名號，刊登廣告是標準程序。

除此之外，犬展狗的固定開銷還包括入場費、修毛美容、飲食、醫療照護和玩具的花費。與重拳配種的費用是六百美元。等他從犬展生涯退休，一個月可以配種數次。外借育種在過去是重拳賺錢的好方法，只是楚斯德夫婦每次有意育種時，總是不收取費用，而選擇從生下的小狗中擇優收養當作報酬。結果就是：現在他們家裡，重拳的後代可能還比重拳賺的錢多。「這是為了維續品種，」蒂娜說，「我們這是為了所有拳師犬著想。為了這個就不能去計較花費。」

最近一個週日，我去探班看重拳參展，那是他退休前的最後幾場。該場犬展是由動物保護組織理海谷犬會（Lehigh Valley Kennel Club）贊助，舉辦於賓州伯利恆市的理海大學，會場位於校園內一座開闊通風的室內體育館。外頭的停車場停滿了露營車，車身上貼著各種等身大小的狗貼紙。走向體育館的路上，我看到有人牽著一條繫頭巾的阿富汗獵犬，有人拿了一條《摩登原始人》卡通圖案的海灘毛巾在替一隻薩路基獵犬擦屁股。

重拳正在他的籠裡打盹兒，那是個式樣華麗的黃銅色箱型籠，配上亮銀色五金配件。籠門上掛著達美航空、聯合航空、美國航空的行李標籤。有些狗一進籠就會愁眉苦臉，但重拳其實還挺喜歡待在籠子裡的。他還小的時候，楚斯德夫婦就決定護著他那脆弱的自尊心，永遠不訓斥他。就算重拳搗蛋闖禍，蒂娜也不會責罵，只會請他回籠子裡好好坐著平復情緒。

這一天，重拳趴在籠子裡，籠內備了一碗水和一根老饕潔牙骨，一種豬皮做的啃咬玩具。拳師犬品種的評分已經結束了，參賽者共三十三隻狗，重拳榮獲本犬種冠軍。現在他得耐心等上幾個小時，等工作犬組其他犬種的競賽一一比完，各犬種的優勝者會再集合起來，角逐工作犬的犬組冠軍。然後大約在晚餐時段，工作犬組與其他犬組冠軍——包括槍獵犬、狩獵犬、㹴犬、玩具犬、家庭犬、牧羊犬，眾佼佼者會再同場較量，選出全場的總冠軍。重拳在籠裡伸長了身體趴著，頭枕著前腳，嘴皮像咖啡店的布簾垂落在腳踝兩旁，好像覺得很無聊。他的籠子旁，幾隻剛毛獵狐㹴犬站在桌上由人洗臉。㹴犬後方，一隻關在粉紅色籠子裡的吉娃娃不停啃著門閂。兩名白襯衫、黑長褲的男子嚼著熱狗經過，其中一人比手畫腳地向同伴抱怨：「我以為我的臘腸犬養得很好！我真的以為我養出**很出色**的臘腸犬！」

重拳嘆了口氣，閉上眼睛。

趁他在打盹，我翻了翻他的行李袋。裡面有狗食、毛巾、電動磨甲機、毛髮修剪器；繽紛西部圖騰圖案的羊毛外套一件、圍裙一條；還有抗生素、嬰兒油、椰子油毛皮保養蠟、拳師犬專用滑石粉；《犬新聞》一冊；某一期《犬展視界》（*ShowSight*）雜誌，當期主題是〈冷凍精液：希望或隱憂？〉（*Frozen Semen: Boon or Bane?*），內頁有一張重拳的跨頁廣告，是他和金貝莉在真人大小的玩具士兵前合影的滿版全彩照。我還找到一瓶毛髮清潔噴霧、另一根潔牙骨、繩球一顆，以及一包叫「布達骨」（Booda Bone）的不知道啥玩意兒。圍裙是金貝莉的。嬰兒油用於上場前塗在重拳的鼻子和腳掌上增添光澤。拳師犬專用滑石粉，跟其他狗用的——比方說，跟西高地白㹴犬專用滑石粉相比好了，差別在於配方不同，能附著在拳師犬光滑的短毛上，讓狗兒的白斑更顯亮白。

比其他某些狗省事，重拳出遠門不必帶吹風機、髮捲、指甲油或順髮梳，但比沒名氣的狗辛苦的是，他需要計畫行程。他明天在芝加哥也報名了犬展；下星期與康乃狄克州的獸醫診所預約採集精液，買主是澳洲的犬種培育業者。同一星期，還和一隻叫黛安娜的母犬有約，對方即將進入發情期。重拳的種犬工作都得安排在犬展後，才不會影響他的場上表演。蒂娜跟我說，所有運動員基本上都是這樣，但每個認識重拳的人都會飛快補上一句，說他身為種犬也非常專業。理查下星期會開車載重拳去康乃狄克州的獸醫診所赴約，他有一次告訴我，有的種犬喜歡東摸西蹭，辦個事沒完沒了，重拳不一樣，他公事公辦，效率神速。「插入，撞擊，發射。」理查說。「上一秒進去，下一秒就出來了。」

「重拳手的確很懂得把握時間。」理查的太太南茜說。「插入，撞擊，發射。三兩下就完事了。」

幾分鐘過去，金貝莉從某處回來了，問重拳想不想出來透氣。這時，與金貝莉同為指導手的一個朋友這時正好經過，他身穿黑白千鳥格紋西裝，手上揮舞著一把大梳子和一罐髮膠。趁他們聊天之際，我信手翻開犬展目錄，念了幾隻狗的名號給重拳聽——有一個「阿列夫．戈多之幽影．馮．旋轉木馬」，跟一個「冠軍斯班克鎮小露露」，還有兩隻叫「牧場湖勁量摩城」和「冠軍海狸溪剋星V寬頭」。

不久，重拳示意他確實需要出來透氣，金貝莉照他的意思打開籠門。他跨出籠外伸伸懶腰，像貓一樣打了個哈欠，接著忽然站起來往我胸口揮了一拳。喂，我只是覺得那些名字太好玩了嘛！這時傳來大會廣播，請所有參賽玩具犬至場上就位。金貝莉的朋友驚叫：「慘了！聊到都忘了時間！金貝莉，我先走了！我還沒替我的迷你犬做造型！」他揚起手上的髮膠罐往幾公尺外一張桌子的方向揮了幾下，只見一隻小白貴賓犬在桌上瑟瑟發抖。

＊　＊　＊

典型的競賽開始後，犬展參賽者首先會一起繞賽場一圈。接著，各參賽者分別就定位，抬頭挺胸，盡可能擺出挺拔的姿勢迎接評審目光，等待評審員翻開狗兒的嘴唇檢查牙齒、搖搖狗兒的後臀、摩娑背部和大腿。理海的評審員是一個胸膛厚實、上唇蓄著小鬍子的男子，眼窩水潤，表情嚴肅。他伸長手在空中揮圈，指揮全組人狗行進，手勢看起來像要用繩索套牲口。同組的羅威納犬相貌帥氣，巨型雪納瑞犬也不落人後。我開始緊張了，重拳一臉心不在焉的表情，像是忘了什麼東西在家裡沒帶出來。

終於輪到重拳接受審查。他瞬間回到專注狀態，昂首闊步走向賽場中央。評審觸摸檢查了他全身上下的肌肉，接著指示他繞賽場走動一圈。左右陸續有人鼓掌叫好，閃光燈此起彼落。重拳展露最佳角度，站定不動，擺了一會兒姿勢，然後才隨著金貝莉快步繞起賽場。雖然只是走一小段路而已，但重拳雙腳動得飛快，化為一團油亮光影。金貝莉在完成表演後賞給他一塊餅乾，看見評審對他搖晃手指後又賞了一塊，因為那代表，重拳又拿下冠軍了。

＊　＊　＊

看著他，我總會忍不住好奇，重拳退休後會不會像很多退休運動員一樣陷入憂鬱低潮。至少他有很多播種工作可以期待，不過威廉也曾向我感嘆，他們夫婦對配種的標準太高，「沒有多少母狗符合標準」。但無論如何，他和蒂娜依然樂觀以待，相信重拳終究能找到許多相稱的配偶，成為有史以來留下最多子嗣的拳師犬祖宗。「我們希望後人想到我們，會說我們是九〇年代的拳師犬霸主。」蒂娜說。「不管怎麼樣，以後家裡可以常常有他在，我們再期待不過了。」

「我們最近開始培養重拳的兒子雷克斯參展。」威廉說。「他前陣子住在墨西哥，拿到墨西哥的拳師犬冠軍，現在準備好回來挑戰美國的犬展了。他備受看好。每個人都說他的背脊很挺，非常帥氣。」就在這時，原本窩在沙發上的重拳跳下地板，到處走來走去。「親愛的，要去哪裡呀？」

蒂娜問他。

他想去外面。蒂娜打開後門，重拳立刻衝向後院。幾分鐘後，重拳注意到草地上有一顆球。球的表面光滑，想一口咬住稍嫌大了，但他不肯放棄，將球推過來又頂過去，努力想要咬起來。在此同時，我和楚斯德夫婦坐在客廳，各自拿了幾片火雞三明治，盤腿窩在沙發上，享受片刻寧靜。半小時過去，重拳依然追著那顆球，玩得不亦樂乎。狗的記憶說不定很短暫，但他此刻的樣子就像在說，跟這顆球纏鬥是他遇過最好玩的事了。

3 老虎夫人

一九九九年一月二十七日，一頭老虎穿過傑克森鎮，那是紐澤西州郊外的一座小鎮。據「老虎資訊中心」（Tiger Information Center）表示，一頭老虎的自然需求包含「特定形態的茂密植被、充足的大型有蹄類獵物，而且靠近水源。」衡量這幾個標準，在傑克森鎮當一頭老虎，待遇並不算太差。小鎮位於曼哈頓到費城的半路上，藏身於海洋縣（Ocean County）一角，是北方綿延的銀色電塔與儲油槽到更南方磚牆環繞的城市和工廠間、一處綠意盎然的喘息空間。傑克森鎮的居民只有四萬三千人，但土地面積卻超過一百平方英里，絕大多數都和桌面一樣平坦，零星散落著幾座池塘和小湖。

整個鎮區大部分由方整的住宅區和瓦瓦生鮮超市（Wawa food market）構成，其餘地方仍維持紐澤西州原始的松林景觀，長滿了須芒草、剛松、山月桂和白櫟木，植被和任何一處的郊外同樣茂密，這對老虎來說格外友善。本地的有蹄類動物數量，可能比不上如西伯利亞或印度中央邦那種典型的老虎棲地會出現的獵物，因為傑克森鎮上只有寵物小馬、成群乞食的白尾鹿和一兩頭乳牛，除非把附近的六旗野生動物園（Six Flags Wild Safari）也算進去，不過那園內倒是養著不少斑馬、長頸鹿、羚羊和瞪羚。小鎮四周也水源充沛。

不過，傑克森鎮的這頭老虎並不渴望這樣的世界。一名女性居民中午正在廚房做三明治，突然看見一隻老虎從窗外經過，連忙把這件奇事告訴丈夫，然後打電話報案。老虎就這樣溜進了樹林裡。到了當天下午五點左右，當地工程公司道森企業一名員工向主管抱怨，說有一頭老虎在公司停車場裡閒逛。晚間七點，老虎已經在附近住家繞了幾圈，引起眾人關注。等牠又回到道森企業的地界，身後已經跟了許多人：有傑克森鎮的警察、州政府野生動物保護局官員，還有一架搭載紅外線望遠瞄準器的飛機。老虎小心翼翼地一路穿過更多人家的後院和一九五號州際公路旁矮樹叢茂密的田野，然後，獸醫朝牠射了一鏢鎮靜劑，牠無動於衷，繼續往一所中學的方向前進。

到了約晚間九點，當局終於放棄活捉，由野生動物保護局的一名官員開槍射殺了這頭老虎。病理學者事後鑑定，這是一頭年輕的孟加拉公虎，身長兩百七十多公分，體重超過一百八十公斤。老虎身上沒有線索透露牠的來歷，傑克森鎮警局也沒有接到老虎失蹤的報案電話。鎮上人人都知道當地有老虎——應該說，人人都知道六旗野生動物園內養了十五頭老虎，但卻不是人人都曉得，鎮上其實還有其他的老虎，而且有二十四頭之多！牠們的主人是一個名叫瓊・拜倫－馬拉塞克（Joan Byron-Marasek）的女人。多虧她，紐澤西州傑克森鎮每平方英里的老虎密度幾乎高居世界之冠。

說到瓊・拜倫－馬拉塞克這個人，她不僅出了名的神祕，也刻意保持神祕形象。她很少離開住家，她和她的老虎、狗兒和丈夫簡恩一起住在大宅院，只有上法庭時才會出門。紐澤西州環境保護局（New Jersey Department of Environmental Protection，DEP）錄製了一段她的影片，她看上去身形嬌小，金髮顏色不太自然，塌鼻子、小嘴巴，表情彷彿經常處於驚嚇之中。調查發現，她沒有社會安全號碼，所以實際的歲數很難推測，要不是個長相老成的年輕人，就是個外貌年輕的老人。

她曾自稱生於一九五五年，一九六八年就讀紐約大學。後來有人指出，這樣她豈不是十三歲就念大學了？這時她才承認自己一向記不住日期。她當過一陣子演員，聽說她曾出現在湯姆・史托帕德（Tom Stoppard）的百老匯音樂劇《跳躍群像》（*Jumpers*）這部戲中，她在戲中裸身在水晶吊燈上擺盪。在她為自己的老虎保育園區設計的簡介手冊裡，可以看見她足蹬銀色長靴，手握長鞭，另一手拿奶瓶餵食她養的一頭叫齋浦（Jaiput）的老虎。她在申請野生動物許可證列出的資歷中，自稱曾是玲玲馬戲團（Ringling Bros.）和L. N.雀斑（L. N. Fleckles）馬戲團的老虎訓練師助手兼空中飛人；也曾隨赫赫有名的馬戲團獸醫師亨德森醫生（Doc Henderson）受訓；還說她讀過許多關於動物的書，包括《東北虎》、《老虎世界》、《野獸生存之道》、《我的野外生活》、《牠們從不回嘴》和《謝謝，我喜歡獅子》。

＊＊＊

馬拉塞克夫婦於一九七六年搬到傑克森鎮，在罕有人居的路段買下一片平凡無奇的土地，位置近蒙茅斯路（Monmouth Road）和磨石路（Millstone Road）交叉處的霍姆森角（Holmeson's Corner）。當時，他們已經有五頭老虎，取名叫孟買、欽塔、伊曼、齋浦和馬雅。傑克森鎮在他們眼中一定是撫育老虎的好地方，因為在這片土地附近除了一座教堂和幾間民房之外，沒有太多人家。這裡是人人自掃門前雪的那種地方。他們有個鄰居是俄羅斯東正教教士，在自家隔壁經營耶誕樹農場。另一個鄰居住的是平房，前院的水泥地上卻擺著一艘逐漸腐朽的機動遊艇。

紐澤西州有很長一段時間對飼養野生動物並無法規的限制。但一九七一年，民眾頻繁報案遭獼猴咬傷或老虎抓傷，引起各界擔憂，州政府這才開始要求異國動物飼主向州政府登記申請許可。根據新規定，異國動物飼主必須證明這些動物用於教育、展演或研究目的，方能取得許可。瓊搬來傑克森鎮時，已經取得了紐澤西州必要的許可，同時也向美國農業部申請到展示許可證；農業部負責監管全國動物的福祉。

帶著五頭老虎安頓下來之後，瓊又多養了六頭老虎——孟加拉、哈珊、馬德拉斯、馬可、榮耀、天命。其中幾頭是她向動物訓練師麥克米蘭（Dave McMillan）取得的，其餘則是她買下玲玲馬戲團的多餘存貨。她的下一批老虎——奇林、科潘、峇里、汶萊、緬甸，則都是自然的產物。瓊放任她的公虎和母虎雜交，幼虎接連誕生於後院。久而久之，愈來愈多的幼虎出生，買進的老虎也愈來愈多，霍姆森角的老虎數量穩定的增加中。瓊將她的事業命名為「老虎限定保護協會」（Tigers

Only Preservation Society），號稱其使命是致力保護所有虎種，協助被圈禁的老虎重返野外，以及「制定對策以化解人虎衝突」。

「我吃飯、睡覺、呼吸都離不開老虎。」瓊曾對一名地方報記者說，當時她還願意跟媒體說話。「我從來不放假。這是我的愛、我的熱情。」她的朋友則告訴另一名記者：「瓊走在她的老虎群裡，簡直就像泰山一樣。她跟我說：『我的肋骨兩側全是爪痕，兩隻手臂也都被劃開過，但牠們只是在玩嘛！』要我說嘛，這就是愛。」

* * *

你知道——你先是養了一頭老虎，接著又來了第二頭、第三頭，然後有幾頭出生、幾頭死去，你漸漸記不清自己到底有幾頭老虎。走失老虎在鎮上遊蕩的報導一出，警方開始訊問鎮上居民誰家有養老虎，以利清查老虎的數量。鎮上也就兩個單位養了老虎：六旗野生動物園持有十五頭老虎的飼養許可，園內數量也的確是十五頭沒錯。另一方面，馬拉塞克家則表示不清楚家裡有多少老虎。一群警員和州政府野保官員花了九個小時在後院傾頽的柵欄、木箱和棚架間東張西望，設法清點數量。事實上，馬拉塞克家持有二十三頭老虎的許可證，但野保官員只找到十七頭。

數量差異有一部分可以解釋：這些年來，馬拉塞克家死了幾頭老虎。有些死於年老體衰。穆吉對注射針產生過敏反應過世。鑽石被馬可扯掉一條腿後，不得不接受安樂死。馬可還在一九九七年耶誕夜的打鬥中殺死了哈珊。另外有兩頭老虎吃了路殺的野鹿後死亡，瓊認定是鹿肉被防凍劑汙染。但即便如此，依舊代表有幾頭老虎不知去向。

野保官員錄下了當時到場清點老虎的影片。

「瓊，我不得不懷疑鎮上有五頭老虎在遊蕩，不只一頭。」錄影帶裡一名官員說。

瓊的律師佛特・馬斯特（Valter Must）則向官員解釋，她最近一次申請許可時，數量大概提供得有些草率。

官員聽得不太耐煩，把重心移向另一腳，寫了幾行筆記。

「打個比方，我也不會成天去數家裡有幾個孩子呀，但我知道他們都在家。」馬斯特補充說。

「因為你沒有二十三個小孩。」另一名官員說。

「您說得是。」馬斯特說。

「何況六個小孩不見了，你應該會知道。」官員補上一句。

馬斯特緩緩點頭：「我同意。」

影片中，瓊本人情緒激動，再三堅稱許可證數量和實際數量的差異再怎麼可疑，在外遊蕩的那頭老虎都不是她的。不，她也不知道還可能是誰家的老虎。她反覆警告官員，不要把手指伸進任何縫隙或凹槽。為什麼？因為有老虎嘛。

官員要求檢查瓊的申請文件和許可證。她說不好意思帶他們進屋，因為屋裡目前一團亂。老虎的活動區域看起來光禿冷清，只有泥土地面和鎖鏈固定的柵欄，藍色塑膠防水布在一月的冷風中陣陣拍打，和破產停工的工地一樣荒涼。訪查過程中，其中一座老虎籠舍裡傳出騷動。自稱世界頂尖老虎權威的瓊・拜倫－馬拉塞克，慌慌張張跑去看發生何事。回來時瞪大了眼睛，抓狂大喊：「誰快來幫幫我！他們會……他們會殺死對方！」野保官員正要趕赴老虎打架現場，瓊卻揮舞著雙手要他們回來，嘶聲尖叫：「不行，不能大家都去！賴瑞去就好！賴瑞去就好！」她指的是州政府野生動物許可部門的主任，賴瑞・賀萊提（Larry Herrighty）。日後在訪談中提到賴瑞，她會說：「老虎都討厭他。」

＊＊＊

清點老虎當天，是州政府多年來第一次視察馬拉塞克夫婦的物產。紐澤西州對動物福祉是有一些關注——比方說，州政府基於園方一些不符規定的狀況，於一九九七年勒令關閉蘇格蘭平原動物園（Scotch Plains Zoo），但州政府也表示，他們沒有資源定期去監管所有野生動物許可證的持有者，當局接到投訴也不見得會介入調查。針對馬拉塞克家的老虎，其實有過不下一次的投訴。一九八三年，有民眾通報馬拉塞克家用擴音系統大放叢林鼓的錄音，從清晨四點一直播到六點，故意刺激老虎吼叫。對此，州政府噪音管制處倒是有所回應，人員深夜來到宅院外測量噪音音量，對瓊提出警告，表示政府未來將不定時派員來監測她是否有遵守噪音條例，雖然往後似乎也沒再見到有人過來。至於周圍鄰居多次抱怨老虎園散發出古怪的惡臭，則從未被受理。

瓊的許可證年年獲准更新，雖然她的動物數量不斷增加，也沒有證據證明她飼養老虎符合州政府的任一條規範。凡是持有與馬拉塞克家同一類許可證的人，皆須提交資料說明動物的日常作息，證明動物確實用於教育或科學用途。但自從老虎走失事件發生後，州政府發現瓊無法證明她的老虎曾進行公開的展演，或參與限定保護協會的任何教育計畫。她家的老虎裡唯一有公開紀錄的只有齋浦，牠因為體重破千磅而獲《金氏世界紀錄》列為全球最大的圈養西伯利亞虎。後來，瓊在法庭上形容馬可是一頭「出色的展示用大貓」——她以此解釋何以馬可殺死了鑽石和哈珊，她卻還持續溺愛他。但據所有人所知，馬可根本沒被公開展示過。

時間似乎晚了點，但到了此刻，州政府終於盯上老虎限定保護協會，而調查的發現令他們十分不悅。紐澤西州環境保護局調查員在法庭書狀上指稱：「申請人所稱之『老虎設施』，只是院子（宅院）、滑梯、跑道、組合籠草率拼湊而成……有些上面還搭蓋著損壞劣化的膠合板、鐵絲圍網和防水布等等……周邊的圍欄（沿地界搭建）用意是不讓閒雜人等接近，但有多處倒塌缺損。宅院內有積水和淤泥。申請人的老虎身上也沾滿淤泥。」調查員也指出，宅院周圍散落著多具鹿屍，處處有老鼠洞，附近還關養眾多兇悍的大狗。

頓時，一頭老虎在鎮上遊蕩這種事，好像也顯得無足輕重了。稽查人員現在更關心的是，馬拉塞克家至少有十七頭老虎生活在他們認為很可憐的環境裡，而且既非用於展演，也沒有教育用途，僅被非法當作寵物。至於瓊，她當然對州政府的多管閒事憤恨不平。「我們被迫受到的羞辱，非筆墨能形容！」她在宅院外召開記者會，宣讀事先備好的講稿：「他們不只嚴重危害我家老虎的性命——還打算切斷老虎的食物供應。」

州政府唯獨無法證實走失的那頭老虎是否真出自於瓊．拜倫－馬拉塞克。DNA鑑定和解剖驗屍都沒得出定論，牠到底是誰的老虎？難不成是某個毒梟的看門神獸，或某人的寵物爆走失控而被棄置在傑克森鎮，盼望咱們的老虎夫人將牠收編？鎮上也有陰謀論者相信這頭老虎來自六旗野生動物園，只是老虎逃脫的消息被壓了下來，因為動物園是當地最大的雇主，又是首要的觀光景點。但到頭來，那頭老虎無非只被當作鄉郊奇聞記上一筆——一個迷途的生靈，注定走向悲傷的結局，身分來歷永遠不得而知。

＊　＊　＊

想買老虎其實不難。老虎在傑克森鎮遊蕩的當時，美國只有八個州禁止私人擁有野生動物，有三個州完全沒有限制，餘下其他州的法規不是條文瑣碎，就是罰則溫和，且鮮少強制執行。美國中西部和東南部是野生動物法最寬鬆的地區，異國動物拍賣會及動物交易市場在這裡蓬勃興盛，網路交易也持續激增。不久前的一個下午，我逛到一個叫「狩獵風情」（Hunts Exotics）的網站，可以下單購買蜘蛛猴幼猴（每隻六千五百美元，含運費）、成年雌性二趾樹懶（兩千兩百美元）；

藍眼睛的母北美山獅，廣告聲稱「溫馴聽話，可用水瓶餵水」；黑帽捲尾猴一隻，需要看牙醫（一千五百美元）；天竺鼠一隻、豪豬一隻；幼虎兩頭，「帶白化基因」（每頭一千八百美元）。

從這裡又連結到更多的老虎網站——曼麗原野（Mainly Fields）、野貓捉迷藏（Wildcat Hideaway）、諾亞貓科動物保育中心（N. O. A. H. Feline Conservation Center）。還有一些為未來飼主架設的網頁，標題叫「我想養美洲獅！」或「想好要養猴子了嗎？」取得老虎真的很容易，野生動物專家因此估計，全美國至少有一萬五千隻寵物老虎，這個數量是經登記飼養的愛爾蘭雪達犬或大麥町犬的七倍有餘。

老虎之所以隨處可得，原因之一是牠們在圈養環境下極易繁衍後代。野生老虎目前僅存約六千頭，短短六十年來已有三個老虎亞種宣告滅絕。但在動物園裡，老虎數量充沛，而且三天兩頭產下幼崽，結果就是數以千計的「過剩」老虎。對動物園經濟來說，過剩的動物不再有飼養的價值，除了數量太多，也因為有的年事已高——動物園遊客喜歡看動物寶寶或壯年動物。很多動物園在七〇到八〇年代過度繁殖園內的動物，就是因為發覺靠動物寶寶才能吸引大量人潮。反過來說，異國寵物交易蓬勃興盛，也是因為有動物園透過中間商，把年齡較大、不想要的動物賣給狩獵牧場和無牌照的動物園，因為這些動物不再年輕，已然吸引不了遊客。

一九九九年，《聖荷西信使報》（*San Jose Mercury News*）報導，美國幾家一流動物園，包括聖地牙哥動物園（San Diego Zoo）和丹佛動物花園（Denver Zoological Garden），都會定期透過中間商處置那些過剩的動物。也有一些動物園的園長於心不忍，情願讓過剩的動物安樂死，也不想交由商人處置。例如底特律動物園的園長將兩隻無處收容的健康西伯利亞虎安樂死，因為他不希望老虎最後淪為被人不當照養的寵物，或在獵場供人狩獵。有時候，中間商買下過剩的動物只是為了屠宰，因為一頭活的成年虎，售價低者才賣兩百到三百美金，但老虎的毛皮卻可賣到兩千美金，而其他身體部位通常被拿去煉製壯陽藥，甚至能賣到五倍價錢。

＊＊＊

從一九九〇年到二〇〇〇年，傑克森鎮的人口驟增近三分之一。蔓越莓農園和養雞場漸被公寓住宅和殖民風格獨棟洋房取代。小鎮的特色一直在變，從鄉間農郊變成截然不同的地方，遲早會凸顯出某些事物的變動，這大概是無可避免的事。這裡漸漸成為一座衛星市鎮，卻未特別與哪裡相連，住宅群聚顯得擁擠，但本質上又透露出空虛；鎮上充斥著新的居民和新的道路，但兩者跟整個環境相對疏離，整潔的人行道和簇新的水泥看起來都像剛砌好還未陰乾似的。這裡是託高速公路和遠端辦公之福才得以成立的地方，因為大城市物價高昂而有成立的必要。矛盾的是，這裡令人嚮往的鄉村風情也因人口移入而快速消失。

一九九七年，與馬拉塞克家宅院東側相鄰的無主空地建起了一間樣品屋。往後兩年間，空地上陸續興建了三十多棟房屋，原本生長的茂密荊棘樹林，在工程動工前都被剷除殆盡。這個名為「生態園」的建案倒也不算太諷刺，新的景觀行道樹幾乎都細得像牙籤，靠橡皮圈和繩索固定，房屋一間間都像剛拆開包裝擺出來的花園裝飾。這些房屋高大通風，門廊富麗浮誇，戶戶附贈雙車庫和氣泡浴缸、飲調吧檯、嵌入式燈具等設施，平均售價為三十萬美元，這種房子象徵著屋主的事業有了一定的成就——比方說，升上公司副總。買下這些房子的人，都是後來某天早晨在院子蒔花養草，或陪孩子丟棒球的時候，才錯愕地發覺自家屋頂上站了幾十隻鵟鷹，飢腸轆轆地盯著馬拉塞克家的後院看。

「要是有人事先告知我這裡有老虎，我絕不會買下這房子。」鄰居凱文．溫格勒（Kevin Wingler）這麼控訴。溫格勒家的草坪盡頭一直走下去，就是馬拉塞克家的宅院。溫格勒是個汽車收藏迷，我們交談時他正在車庫修補一輛經典紅色雪佛蘭克爾維特（Corvette）。聽說多年來，清潔隊只要撿到路殺野鹿，就會運來給馬拉塞克家當做老虎的食糧，溫格勒對此非常氣憤，認為很可能就是野鹿的屍骸才引來鵟鷹覬覦。

「我也喜歡動物，」溫格勒兩手在牛仔褲上揩了揩，「我們每年都買六旗野生動物園的季票，出門也會摸摸路上遇到的牛呀豬的，我也覺得老虎很威武、很漂亮。問題是我們傾家蕩產才買下這棟房子，這樣子不對嘛，我大可去買其他建案！我原本在別的地方都簽約了，是建商好說歹說勸我買這裡比較好。」他舔了下手指，搓掉儀表板上的小汙漬，苦笑道：「這真的太奇怪了！你還以為這種事應該發生在阿肯色州還是哪裡才對。」

我開車穿過生態園社區，出來的那條路就位於馬拉塞克家土地的另一側。這是條舊路，兩旁的房子都有四、五十年歷史，受盡日曬雨淋。路口旁的那一棟屋子，屋主經營一家小貨運公司。他告訴我，州政府派員視察後，他曾協助瓊清運她的設施。「我十五年前搬來時，就知道她住在這兒，」他說。「附近有老虎？我無所謂啊。我三不五時會聽到吼聲，老虎興致來了就吼一下，我是覺得問題不大。倒是夏天那個臭味，讓我實在受不了。」他認為遊蕩的老虎不是瓊養的，因為她家的老虎沒一天不髒，但被射死的那頭老虎倒是乾淨又健康。他說瓊幾年前來拜訪他，請他連署請願中止住宅開發，他沒有簽名。但說起這件事，他的語氣頗為矛盾。「那些新來的鄰居不懂得敦親睦鄰，」他說。「他們也不過就是房子漂亮。但瓊住在這裡的時間，可比他們久多了。」不過，他仍不想多管閒事。「瓊要養她那些貓咪，是她家的事。」他點燃嘴上的香菸，「我操煩自己的生活就夠了。」

＊＊＊

老虎在傑克森鎮上遊蕩不到八小時，就成了神祕莫測、無法解釋的訪客，並且和許多這類型的訪客一樣，擾動了原有的秩序。老虎遭射殺後不久，市政廳召開會議，來了一百多人，其中還有一群人裝扮成老虎。他們要求公家給個解釋，遊蕩的老虎不能活捉嗎？為什麼非要殺死不可？馬拉塞克家的老虎又將何去何從？會議莫名其妙淪為一場雙方叫陣的競賽。新居民堅持應立即將馬拉塞克家的老虎移往他處，舊居民則說，熟悉小鎮的人一向知道霍姆森角有老虎，新社區的居民如果這麼討厭老虎，又何必笨到搬過來？言下之意似乎暗示，只有熟悉這座小鎮的人才有資格住在這裡。

會議後不久，州政府便駁回了瓊更新許可證的申請，理由是動物飼養不當，無法證明這些具潛在危險性的動物有展演或教育用途，而且瓊提交的紀錄也漏洞百出。接著，鎮上祭出家畜管理條例，要求瓊想辦法處理她的三十多條狗，不然就該申請養狗場執照。此後新社區的屋主集結起來，控告建商涉嫌欺詐消費者，指稱建商在建案公開聲明書中刻意隱瞞老虎的相關資訊。照規定，公開聲明書有必要告知買主房屋周邊是否有會損及房屋轉售價值的設施，例如有毒廢棄物掩埋場和監獄。住民自救會也控告瓊飼養老虎和狗隻製造髒亂。

馬戲團於焉展開。不是瓊在裡頭工作過、開發出日後餵食老虎的「瓊的馬戲團祕密配方」那種馬戲團，而是法律馬戲團——在傑克森鎮一演多年的混亂鬧劇。由於州政府駁回更新申請，瓊不再能合法飼養老虎，於是提出了行政複審要求，但複審結果仍維持拒發許可。瓊又向高等法院提出上訴，還未收到上訴結果就接到停止飼養動物的判令，她只好又對這條判令提出上訴。「老虎是極度脆弱的動物。」

瓊在記者會上說，「要是被人強制搬移，老虎會死掉。他們如果獲准帶走我的老虎，形同對老虎展開大屠殺。」她在辯論中勝出，得以在上訴期間保有老虎，但也必須同意一些條件，包括採取措施防止老虎繼續繁殖。然而，往後兩年因為案件審理緩慢，她有兩頭老虎又生下了幼虎。瓊向州政府視察官隱瞞了幾個星期，並聲稱州政府想摧毀她畢生的事業。她在老虎限定保護協會的官網上提供模板信函，呼籲支持者一人一信寄給州政府官員和環保局，信上寫著：

敬愛的參議員：

我是老虎限定保護協會與瓊・拜倫－馬拉塞克女士的支持者，我贊同她極力保護她美麗的老虎留在紐澤西州傑克森鎮的樂園安居。……我們應當樂見這些老虎在紐澤西州與環境和諧共存。甚至，「老虎限定保護協會」的老虎應當被尊為本州的珍貴資產。若然，我們紐澤西州的居民都該驕傲且熱忱地參與此一普及全州的陳情行動，讓協會的老虎能留在紐澤西州。

此事若成……未來世代的選民必會永遠感謝您努力讓這些尊貴無比的生物與我們一同安居樂業，並供全體居民欣賞。

與此同時，瓊換了五次律師，訴訟程序停滯不前，她的案子在司法體系層層往上推，一直來到州上訴法院。二〇〇一年十二月，州上訴法院終究仍判決維持原判不再上訴。瓊・拜倫－馬拉塞克就此失去在紐澤西州養老虎的權利。

看到馬拉塞克的案子，不少人會想起一九九五年俄勒岡州對維琪・奇多斯（Vickie Kittles）的訴訟案，該起案件是個里程碑。維琪・奇多斯與一百一十五隻狗住在校車裡，不論她把這輛悲慘的動物園停在哪裡，地方當局都會贈送她一桶汽油，令她立刻離開。她最後來到俄勒岡州，在此遭到逮捕，起訴她的地方檢察官叫約書亞．馬奎斯（Joshua Marquis）。

馬奎斯以倡導動物權利聞名，曾經起訴殺害龍蝦維克多的犯人。龍蝦維克多有十一公斤重，是俄勒岡州海濱水族館（Seaside Aquarium）的吉祥物，在水缸裡遭人綁架。綁匪落網時，一把將維克多摔向地面，摔破了龍蝦殼。因為一時之間找不到會醫治龍蝦的獸醫師施救，維克多在三天後傷重不治。馬奎斯成功說服陪審團，龍蝦綁匪不只偷竊，還造成了刑事損害。

在奇多斯一案，馬奎斯決定以虐待動物罪名起訴她。奇多斯辯稱她有權與自己的狗以她選擇的方式過生活，而馬奎斯則主張，狗兒並未選擇要生活在校車裡，牠們運動不足、缺少獸醫診療，明顯飽受痛苦。維琪．奇多斯最後被判有罪，她的狗全數轉交全國各地的中途之家等待收養。

奇多斯一案成為著名的案例，是全國首起對「動物囤積者」的訴訟，動物囤積是指人病態地積存動物。老虎夫人還算罕見，但全國各地卻有眾多的「貓夫人」和「鳥先生」，他們最後往往登上報紙頭條，如「某民宅救出兩百零一隻貓」、「寵物自恐怖民宅中獲救」和「愛貓人士愛貓成癡，鄰居長年不堪其擾」。美國囤積動物研究聯盟（Hoarding of Animal Research Consortium）發表一篇調查指出，動物囤積者逾三分之二是女性，以囤積貓為最大宗，但據知也有人囤積狗、鳥、家禽家畜，甚至有個例子是囤積河狸。囤積動物數量的中位數是三十九隻，但很多人囤積了不下百隻。研究聯盟表示，囤積者有許多心理認知問題，包括「難以專注於及維持可管理的計畫」。

然而，每到必須出庭爭取留住動物的時候，動物囤積者似乎又有無窮的精力和貫徹的決心。例如瓊．拜倫－馬拉塞克，即使最終上訴敗訴，她仍想出方法阻撓州政府移置她的老虎。環保局在德州聖東尼奧的野生動物收容園（Wild Animal Orphanage）為老虎找到新家，並擬定計畫，透過收容園的人道專車來運送老虎。二〇〇二年一月，高等法院法官瑟班泰利（Eugene Serpentelli）為此召開聽證會。老虎夫人身穿一襲墨綠色西褲套裝，足蹬方頭鞋，手提一只沉甸甸的黑色手提箱出庭。她看上去焦躁不安、若有所思，誰想接近她都會揮手攆開，除了一名曾在節目中吹捧她的地方電台主持人，跟一名休息時間會和她交頭接耳的纖瘦青年。青年和她一樣謹慎，彬彬有禮，但拒絕透露他是不是老虎限定保護協會的贊助者，或者同為老虎的飼主，還是他自己和環保局也有過節。

整場聽證會，瓊不時從手提箱抽出一疊疊紙張和手寫筆記，以及從網路列印下來的文件，交給前一天才聘來的最新一任律師。瓊主張野生動物收容園對老虎來說並非合適的環境，她準備的文件，記錄的都是收容園近年來遭美國農業部申誡的違紀情事，包括將過期的袋裝猿猴飼料存放在無空調的屋棚內，還有在最後的驗屍及處置前，把一頭老虎的屍體放在肉品冷凍庫裡。雖然這些都不算重大違法，也已受到應有的懲戒，但足以對收容園環境合適與否引起疑慮。結果，執行收容的程序不可避免地再度延後，法官宣布延期再議，給瓊一些時間提出替代方案。「我多次表明，法庭無意為難馬拉塞克夫人跟她的老虎，」法官聲明，「但老虎一定得被移置。我對老虎是否應被移置沒有處置權，我只能裁決如何移置。」

不過在州政府行動前，老虎夫人有很高的機率能自己搞定。去年秋天，她接受《阿斯布里派克報》（*Asbury Park Press*）採訪表示，她正設法在某處買地——她大概覺得講出州名不太明智——同時暗示她和狗兒與老虎可能會永遠離開紐澤西州。因囤積動物與地方當局起爭議的人，通常一遇上法律糾紛就會從某一個司法管轄範圍搬到另一地去，即使最後失去飼養的動物，也十之八九會到別處東山再起，養起新的動物。根據研究，動物囤積者的再犯率接近百分之百。不久的將來，美國某個鄉村的角落，居民可能會開始納悶，從特定方向吹來的風怎麼老飄著一股異味？三更半夜是不是真的聽到動物吼叫？謠傳有位太太在鎮上養了一群老虎，究竟是不是真的？

* * *

我走訪傑克森鎮不下數次，每次都會到馬拉塞克家的宅院外繞繞，也會在新社區的人行道上來回走幾遭，但我一頭老虎都沒見過。我甚至有幾次把車開到了馬拉塞克家的大門外，從門縫向內窺看。我能看到幾隻毛髮蓬亂的白狗在鐵絲網後打架，也能看到防水布和建材散落在房屋四周，但就是沒有老虎，沒有橘黃色毛皮一閃而過，沒有就是沒有。我很想親眼看到老虎，一頭也好，證明牠們真的存在過。

某天下午，我把車停在溫格勒家對面，徒步從他家車庫前經過，凱文還在他的寶貝愛車旁摸東弄西。接著我穿過他家後院，經過草坪盡頭，樹林逐漸濃密起來，被雨水打落的松針堆積了數十年，地面踩起來柔軟而有彈力。我循著一股濃烈微酸的氣味往前走，我猜那是老虎，雖然我理應沒聞過老虎是什麼味道。前方出現了一道栓起鐵鍊的鐵絲圍籬，我停下腳步靜靜等候。一分鐘過去，什麼也沒發生。又過了一分鐘，忽然從圍籬一端走出一頭老虎，低著巨大的頭，尾巴幾乎動也沒動，毛皮上的黑條紋與黃昏餘光交錯輝映，步伐沉重卻沒發出半點聲響。老虎走到圍籬盡頭停了下來，轉身又往回走，沒多久便消失無蹤。

4 不怕出身低

他們背負的東西有繃帶、子彈、成箱野戰口糧；也有混凝土砂、刺針防空肩射飛彈、帆布背包、機關槍、防彈護甲、毛毯、靴子、克維拉纖維頭盔。換個場景——具體來說，是換到阿富汗戰場以外的地方——騾子鞍袋上固定的貨物會完全不同。可能是打獵用具，或是帳篷、爐具，用一根長繩子串在一起，繞圈打結，束緊成奇形怪狀的一簍裝備。騾子對於內容物別無偏好，不管什麼東西，他都能一連二十天，一天七小時，馱著龐大、沉重、至多可達三百磅的貨物緩步前行，半句怨言也沒有，彷彿那只不過是一袋氣球。

另一方面，騾子深知自己的極限。這個品種的特徵，就是對自我保存有不可動搖的堅持，只是往往被誤解成固執。但事實上，那說不定是一種天賦。馬會吃到撐死，而騾子只會吃自己消化得了的量，就算眼前有一整桶燕麥任其享用。馬能被唆使跳崖赴死，騾子不會。一九四二年，美軍正在研究如何把騾子送往戰區，有人想到教動物跳傘也許是個好方法。實驗階段，十二頭騾子被穿上降落傘後登上運輸機。前面六頭還反應不及就被推出機艙，當場摔死。後面六頭活了下來，因為他們意識到即將發生的事，死活不肯走近門邊。

騾子對生存的堅持，放在達爾文演化論的脈絡下來看更是有趣。騾子是公驢與母馬交配生下的雜交種，僅有單數對染色體，無法生育。可以說，每一頭騾子生來都自成一種，除了自己之外，不會留下後代；也就是說，不會有代代推演的基因庫證明他曾到訪這個世界。每頭騾子彷彿都知道自己在地球上就僅有這一次機會，因此體認到，在一萬英尺高空跳出飛機的這種冒險行為無疑會抹煞牠們的生存機會。就連固執於單一育種方式，似乎也是聰明之舉。馬和驢在自然狀況下罕見互相交配，必須經第三方促成。換句話說，騾子實質上是人造物，而且向來是很成功的發明。我們甚至可以說，騾子可能是所有人工雜交動物中最成功、歷史最久遠的一個品種，皮弗洛牛❶或許能排名第二，但也難望其項背。

後來，騾子眨眼間便被現代化機械給取代。作為落伍過時的代表，假如有一天騾子完全消失，或許也不教人意外，然而總會發生一些意外轉折，將騾子拯救回來。例如近年很多人對古法農耕重燃興趣，他們就很需要騾子。在阿富汗等地進行的戰爭也需要騾子，因為騾子步伐穩健，具備求生直覺，又擅於攀登山徑。於是騾子又一次克服萬難，重新獲得青睞。

＊＊＊

美國海軍陸戰隊山地作戰訓練中心（Marine Corps Mountain Warfare Training Center）位於加州橋港，美軍與外籍傭兵在此學習於戰場中運用役畜。訓練中心座落在內華達山脈的山麓，據說這裡的地形與阿富汗興都庫什山脈很像。內華達山脈投下的陰影深邃而寒冷，路面往往在夏末就已經結了一層冰。我最近一次造訪時，訓練中心遭到大雪侵襲，所有騾子連同教練和學生，全體拔營南遷至一小時車程外一處較溫暖也較平坦的軍械庫，位於內華達州霍索恩。

來自加州朋德爾頓營的一群海軍陸戰隊隊員即將於今年秋天部署至阿富汗，現在剛開始接受為期兩週的動物裝載訓練。他們先看過了投影片簡報，以了解騾子的生理結構、性格特點和照顧方法。我抵達當天，大家正一邊練習用繩索打半結和箱結，以便把貨物固定在鞍座上，一邊練習與騾子互動。主持課程的訓練專家東尼．帕克赫斯特（Tony Parkhurst）喜歡稱這個環節為「人騾接觸」。

幾名海軍陸戰隊員手裡拿著盤繞的長繩索，站在一頭高大栗色的騾子旁。騾子名叫艾德加，有長而柔軟的鼻吻，眼神柔和，但卻出了名地愛踢人。

「二等兵，見過騾子幹活嗎？」帕克赫斯特問一名年輕人。

1 譯注：皮弗洛牛（beefalo）是肉牛與美洲野牛雜交的品種，首見於十八世紀北美洲的英國殖民區。肉品質高，產奶量也高，被當作肉奶兼用型農畜。

「報告長官，沒見過。我家住郊區，長官。」

「你呢？」帕克赫斯特問另一名隊員。「見過騾子幹活嗎？或是驢子？駱馬？山羊？」

「報告長官，沒見過，我住海邊。」

一問方知這些海軍陸戰隊員都沒接觸過騾子，除了其中一名隊員，其他人甚至對馬也不熟悉。今日接受動物裝載訓練的部隊典型就是如此，不像從前有個年代，稀奇的不是騾子，反而是不熟悉騾子的年輕人。晚至一九三〇年代，全美國還有超過五百萬頭的騾子，騾子長年活躍於軍中，直到軍中最後兩頭驢子583R和9YLL——小名「蹄膀」和「火腿骨」——於一九五六年十二月退役。

美國最早出現的一批騾子，有一群是喬治．華盛頓養的，這群騾子的生父是一頭安達盧西亞驢，名為「皇家贈禮」，是西班牙國王贈予華盛頓的禮物。華盛頓相信務農人家若想要農產豐饒，有一頭好騾子是必要條件。在他看來，騾子好過於驢，驢的脾氣太暴躁；也好過於馬，馬太嬌貴不禁傷。華盛頓為騾子用心至深，甚至下定決心要培育「一個溫良至極的〔騾子〕民族」。只要是他的騾，必定是用母馬與公驢育種的「馬騾」。（反過來用公馬和母驢育種，產下的後代叫「驢騾」，又名駃騠。民間普遍相信，驢騾繼承的盡是父母雙方的缺點，所以遠不如馬騾受歡迎。）

華盛頓對騾子的熱忱很有感染力，美國各地的農民很快也培育出數以千計的騾子。往後一百五十年間，騾子包辦了田裡各種農活兒，能拉犁，能拖車，能運貨，也能載人。養騾子是一筆穩當的投資，作家威廉．福克納（William Faulkner）曾寫道，騾子甘願勞動個十年、二十年，只求

「有此榮幸踹你一腳」。

軍事機械化前，騎兵部隊兵員騎馬，補給和裝備就靠騾子搬運。騾子多半比馬還被珍惜，因為牠們吃得少、載得多，也較少鬧脾氣。一八五五年，有軍隊在德州駐紮點做了一個三兩下便夭折的實驗，他們用駱駝來做平常交派給騾子的工作。駱駝確實力氣勝過騾子，但也僅此而已，其他簡直是一場災難。駱駝的性格陰險，喜歡把胃裡臭氣熏天的食物團咳出來，還會發出刺耳的嘶鳴，把馬兒給嚇個半死。

《剃尾與鈴鐺》（*Shavetails and Bell Sharps*）是一本詳盡的軍用騾發展史，作者艾辛（Emmett Essin）於書中寫到，騾子寶貴之處就在於性格沉穩、能力可靠，只有極少數騾子需要一些特別照顧。比如淡色的騾子有時會被染成深棕色，比較不易被敵軍發現。或者是，偶爾有的騾子特別聒噪，必須動手術讓他「變啞巴」。軍隊的人喜稱騾子是「倍力器」，意思是擁有騾子的部隊，能力可以增長至兩到三倍。數以千計的騾子在軍中擔任倍力器，參與了南北戰爭和兩次世界大戰，菲律賓、緬甸、希臘發生的戰事也有騾子的身影。

一九五〇年代，驢子的歷史發展走入低點。原因很簡單，就是機械化造成的。軍中有貨車、吉普車、直升機取代騾子，農地則有曳引機取而代之。馬也同樣被機械給淘汰了，但馬幸運地從役用動物轉變成一種休閒嗜好。與二十世紀初相比，馬在美國的數量至一九五〇年驟減了七成五，但賽馬和騎馬找到客群以後，馬的數量又開始回升。至於跑得不快、長得不美的驢子可就不同了。在一九五〇年，美國僅剩下兩百萬頭驢子。

美軍退役士官長艾德・西撒（Ed Ceaser）體格健壯，生得一張圓臉，多次代表美國外交部門前往亞洲。一九八〇年代初，他來到田納西州的索姆納郡。騾子生意當時蕭條不振，但這對他來說正好，因為他的公司「美國出口集團」（American Export Group）亟需採購大量騾子，履行美軍下的訂單。西撒找上哈伯・瑞斯二世（Hub Reese Jr.），田納西州最大騾商家族的一員。（哈伯的祖父魯佛斯一世於一九二〇年代在納士維創業。）匆促交涉後，西撒商定向瑞斯購買一千兩百頭騾子。屆時，這些騾子會先從田納西州運往位於肯塔基州的坎貝爾軍事基地，然後搭機飛抵巴基斯坦首都伊斯蘭馬巴德，再乘卡車前往白沙瓦。到了那裡，會有人帶騾子至阿富汗邊界，交給正在抵抗蘇聯入侵阿富汗的聖戰軍。聖戰軍將利用騾子運送補給和裝備。最重要的是，騾隊能載運笨重的防空飛彈，循著狹窄崎嶇的山徑登上興都庫什山，防空飛彈在山上是對抗蘇聯空軍的利器。

田納西州每一位養騾人，對於運送騾子前往阿富汗的往事，似乎都有一段故事可說。瑞斯當時手邊沒有一千兩百頭騾子，必須到處去湊才行，幸而當地居民也很熱心，每個人不是把自家的騾子賣個幾頭給瑞斯，就是幫忙遊說熟人割愛一頭出來。交涉過程相當艱辛，因為就算拿市場蕭條的標準來看，西撒開的價格還是低得可以。儘管沒有賺頭，索姆納郡的養騾人家很多還是很樂見這筆大生意為瑞斯帶來關注。

據說，瑞斯是個老派的養騾人，是那種掩不住自信的人，不管你原本想不想養騾，他都有辦法說服你買下一頭騾子。他備受眾人愛戴，雖然沒過多久，眾人就只能哀悼他了：在他履行合約、提供了一千兩百頭騾子給美國出口集團後不久便患了肺癌，在化療階段依然菸不離手，最後溘然長逝。當地很多人也與爽朗的西撒結為好友，但西撒後來也過世了。西撒本人雖與大家相處融洽，但沒有人真的曉得美國出口集團究竟做些什麼業務，大家普遍推測這間公司是中情局的幌子。

西撒在合約中對騾子只有一條明確的要求：騾子必須身體健康，從肩隆處測量至少要有十四掌高，相當於一百四十公分。想賺這筆錢，標準可多了，瑞斯親自坐鎮監督，每頭騾子都須經過一把插進地面數公分的不銹鋼尺的測量。「艾德說，騾子至少得有十四掌高。」喬治·柯爾（George Coles）不久前告訴我。他是田納西州一名獸醫師，當年負責檢查騾子，還隨第一批騾子一起搭機出國。「至於該怎麼測量，他可沒告訴我們。」

第一批總共通過了一百一十四頭騾子和一匹斑點馬，這匹馬是要送給巴基斯坦將軍的禮物，他會在伊斯蘭馬巴德接機。這批動物在一九八七年十月離開田納西州。柯爾回憶道，當時他們先乘卡車前往坎貝爾軍營，接著將動物送入一架波音七四七噴射機，機艙內座位全部拆除，改鋪滿鋸木屑，以便容納牠們。柯爾抵達軍營才發現，原定要在機上照顧動物的九名廄手，前晚竟然以蘭姆酒混著可樂喝到爛醉，一個個倒在木屑堆裡不省人事。柯爾第一眼看到他們動也不動，還以為都翹辮子了！

反倒是騾子，要是也像那幾個人一樣乖乖不動多好，偏偏牠們野得無法無天，出腳絕對能把門踢飛。「我告訴你，那些都不是訓練過的騾子。」柯爾說。「對，我拍胸脯保證肯定沒有。」他說這些騾子如此蠻橫不馴，他一點也不驚訝。他知道不少人把瑞斯這筆生意當成大好機會，清銷他們最管不動的動物。好不容易廄手醒轉過來，騾子給裝進了機艙，飛機總算起飛。中途在比利時降落加油，海關人員踏上飛機看了一眼機上的騾子、木屑和那幾個蓬頭垢面的男人，當下大手一揮，檢查也不用了，要他們加滿油只管走吧。

當時，巴基斯坦與阿富汗的局勢緊張。巴基斯坦總統齊亞哈克（Muhammad Zia-ul-Haq）受反對黨與媒體施壓，要求他不要介入阿富汗境內的衝突。對於即將抵達的這批動物，巴基斯坦人無甚期待，因為無非都是要送往阿富汗的。經過千拜託萬拜託，巴基斯坦人總算同意讓飛機降落在伊斯蘭馬巴德——但是，柯爾說，他們堅持停靠的必須是民航機，不能是軍機，而且必須深夜降落，天亮前離開，以免引來注目。於是抵達伊斯蘭馬巴德後，只見大家頂著月色，手忙腳亂地把動物趕下飛機，接著再趕上卡車。聽到後續須由他們主持運送騾子，巴基斯坦人更不悅了，他們只給了最短的地面運輸時間，而且拒絕讓廄手在伊斯蘭馬巴德打掃飛機，堅持騾子的糞便應該讓飛機載回美國去。

柯爾從一九七五年起就在索姆納郡開設獸醫診所，他滿面皺紋，心地善良，頂著灰白的頭髮，說起故事來從容不迫。我臨時來到診所拜訪他，他剛替一隻小貓動完手術，正在規劃之後要與幾個朋友騎騾子到田納西州的山丘遊玩。柯爾告訴我，他在伊斯蘭馬巴德下了飛機，乘車一路顛簸抵達白沙瓦，再原路返回，然後又搭機回到田納西州，協助瑞斯準備下一批騾子。他常想起那些騾子，不知道牠們後來下場如何，他聳聳肩說：「誰知道呢？不過那麼珍貴，應該不至於被宰來吃吧。」在那之後，從田納西州又運了九批騾子至伊斯蘭馬巴德。最後一趟是一九九〇年。

騾子計畫至少有部分算是合情合理。因為聖戰軍需要役畜在山間載運補給和軍械，而蘇聯軍又把摧毀聖戰軍補給車隊作為首要目標。與阿富汗境內常見的小灰驢相比，田納西州的騾子體型和力氣都是兩倍大。只是沒有料到，這些騾子會這麼蠻橫不馴——牠們真的不是田納西州最馴良的騾子。軍方也沒有考慮到騾子能不能適應阿富汗的海拔高度、飲食、飲水，以及可能染上當地固有的馬科動物疾病。

聖戰軍指揮官馬吉羅（Walid Majroh）前往領取騾隻時，差點沒給嚇傻。「看到牠們的體型，我目瞪口呆！」他告訴我。「這麼高大的動物，肌肉這麼發達。但光是擁有騾子不夠。騾子需要接受訓練，也需要專人來訓練，而且還要能適應環境才好。可是這些騾子……我們連挽具都套不上去！命令牠們走路也不肯走，命令站好也不肯站。」費了好一番工夫，終於有幾頭騾子冷靜下來正式開始服役，但馬吉羅推測，其他騾子多半不到幾個月就會染上當地疾病而死光光了。至於再剩下的，他不敢確定。「我們把其餘的送回白沙瓦。後來會怎樣，誰知道呢？」馬吉羅說。直到今天，他仍覺得運騾行動是人生一大難解之謎。「我有時候會想，這會不會其實是雷根振興田納西州經濟的計畫。」他說。

多，剩餘供應量的價值隨之提升。不久又傳來了更多好消息。美國的阿米什教眾人口暴增，從一九九二年到二〇〇八年增加近八成。阿米什人務農者眾，推崇簡樸、去自動化的生活型態，可以想見他們不可能有配備四缸動力科技引擎的強鹿牌五千系列曳引機，不過倒是熱烈歡迎騾子。

總的來說，蘇聯入侵阿富汗對田納西州的騾隻經濟是挺有幫助的，原有的騾口縮減的數量夠

＊＊＊

哈伯·瑞斯二世的堂弟狄奇與弟弟魯佛斯，共同經營「瑞斯兄弟騾隻買賣公司」（Reese Brothers Mule Company）。早期他們舉行拍賣，滿場坐的都是身材魁梧、嘴嚼菸草、身穿連身工作褲的農夫。後來人數漸減，僅剩下幾個懷舊的當地居民。但沒過多久，拍賣會開始吸引大群來自賓州、密蘇里州、西維吉尼亞州的阿米什人，他們頭戴寬邊黑高帽，神情莊重認真，目標是六到八隻一組的騾隊。到了九〇年代中期，瑞斯兄弟拍賣會上的役用騾隻，近八成都由阿米什人農夫買走。他們偏愛體型大、骨架粗的騾子，這個偏好也對產業產生影響：育種業者開始尋覓最高大的公驢，與佩爾什馬（Percheron）或比利時挽馬（Belgian draft）等品種的母馬交配，產出投合阿米什人市場所好的高大騾子。

我在二〇〇九年參加了瑞斯兄弟十一月的拍賣會，與狄奇和賣家杜萊佛坐在拍賣商席。拍賣會一年舉行三次，地點在田納西州狄克森市一處破舊的牲畜圍場，距離州際公路有幾公里，位於不斷

擴張的「美國旅行中心」（Travel-Centers of America）卡車站後方。走進會場前，我在停車場逗留片刻，看見兩個年輕女生在安撫她們的騾子，兩旁是成排的馬拖車和攤販，攤子上販賣著各式挽具、鞍墊和騾子圖案棉上衣。兩個女生的騾子是赤銅色的，皮毛光滑油亮，背上披著有鉚釘裝飾的西部風鞍座，用一種平穩而慵懶的姿態邁著大步在停車場內小跑。

膝關節置換手術，似乎是另一個帶動騾子產業的要因。狄奇推測，他近年賣出的騾子，有超過半數被當作騎乘動物。買主大多是休閒玩家型的中年騎士，很多是女性，也很多換過單邊或雙邊的膝關節。她們發現騎乘騾子比騎馬平穩得多，對膝蓋的負擔比較小。何況騾子比馬好照顧，所以也更適合中老年的騎士。受過良好訓練的騎乘用騾，一頭要價約兩千五百美元，但一生可勞動的時間超過二十五年，比投資馬划算得多；馬可能只有十五年的良好狀態，而且起始售價通常也比較高。

此外，養騾的人長久以來多認為騾勝於馬，因為騾子更加聰明。這個看法起初可能只算是民間傳說，但二〇〇八年，英國薩塞克斯大學（University of Sussex）針對騾子的認知能力發表了一篇研究。研究發現，騾子的認知能力確實勝過馬或驢子，聽從指令的表現也較佳。騎騾子的這項嗜好近年來穩定成長。過去，騾子只在夢中有望與馬同場較勁；但如今，騾子與馬比肩現身馬展，甚至出現在更講究的花式騎術界，都不再罕見。

我參加的十一月拍賣會約有四百頭騾子待售，隻隻都很健康。包括幾十隻剛滿足歲的幼騾，睜著渾圓的眼睛，絨毛尚未褪去；另有二十組經驗老到的騾隊，膘肥體壯，肌肉隆突；還有數十頭騎乘用騾子，搖晃著耳朵，正繞著圍場內圈起的環形場地小步快走。有名男子上台兜售一頭騾子，他從網路上買回家以後，才發現與需求不符。「你如果想要一頭花園騾，一頭溫順忠實的騾子，牠就是你的好夥伴。只可惜對我來說太小了。」這是他的推銷台詞。男子又補充說，他家已經有九十二頭騾子，每天「一起玩，也一起下田。」他承認，他的騾子真的夠多了，但看到好看的還是不禁手癢，所以他才會在網路上買下這頭騾。「我可以告訴各位收集騾子是什麼感覺。」他一邊摩娑那頭待售的矮小騾子晃動的下唇，一邊難掩笑意地說：「簡直是天殺的有病了。」

狄奇說，拍賣會上每頭騾子的平均售價最近下跌了。經濟衰退縮減了人們用於養騾子的部分可調動收入，拍賣會上有不少人是來賣掉自己無力再飼養的動物——不過，狄奇不下一次強調，養兩頭騾子還是比照顧一艘釣魚艇便宜很多。有些騾子飼主抱怨，美國的馬科動物屠宰場相繼關閉，連帶導致騾子的價格下挫。

全國最後一間馬科動物屠宰場——伊利諾州的迪卡爾布屠宰場——於二〇〇七年停業。各地屠宰場尚在營運的時候，一頭中等體型、重約九百英磅的騾子，肉價至少有每磅三十九美分。肉品可以出口至歐洲和日本，兩地的需求量都高。馬匹和騾隻屠宰的反對者主張，關閉屠宰市場可促進負責任的培育，因為多餘無用的動物將不再有市場價值，而且或許還能遏阻偷馬賊，不然賊人永遠可以指望偷馬賣給屠宰場賺錢。至於抗議屠宰場關閉的一方則指出，如今連最底價都沒有了，恐怕會有更多動物被隨意拋棄或疏忽照顧，因為飼主假如無力負擔繼續飼養，卻又無法送往屠宰場處置，可能會乾脆放動物到野外自力求生，這往往不會有好下場。

狄奇透露，有的人來到拍賣會，若沒能順利賣掉騾子，有時會乾脆留下騾子，自己回家——他們連運送騾子回家的費用都負擔不起，遑論繼續飼養。每次拍賣會結束後，他都很怕去巡視穀倉，因為他知道十之八九會發現一兩頭被拋棄的騾子。他是會想辦法找人領養，但不見得次次都順利。

拍賣會開始後，我在各個廄棚間走走逛逛，聽動物鼻子噴氣、嘴裡嚼草的柔和聲響，沉浸於周圍的熱鬧氣氛，時不時可以聽見蹄子重重踩響木頭地板。我走向最大的圓環場地。一對肌肉結實的黑騾在場內焦躁踱步，看臺前排坐著一對阿米什人父子剛買下牠們，成交價是兩千六百五十美元。下一個圓環場內是一頭栗色的騾子，背上長著短硬的金黃色鬃毛，眼神活似銀行值班警衛，昏昏欲睡中猶帶幾分警醒。觀眾在看臺上交頭接耳，但沒有人出價。

魯佛斯．瑞斯生得虎背熊腰、面色紅潤，他從賣主手中搶過麥克風。「各位，你們好好看看她！長得多漂亮。」麥克風轟然作響，觀眾安靜下來。「這頭騾子名字叫茉莉，受過騎乘訓練。」魯佛斯繼續說，「你們如果有人不喜歡丈母娘，千萬別給她騎這頭騾子，因為她一騎就會愛上，吵著要搬來你家住。」說完觀眾哄堂大笑，有人舉起手，然後是第二隻手，第三隻手；心驚膽跳下，價格慢慢向上喊到六百二十五美元，最後停住不動了，賣主敲下手中的木槌高喊：「成交！」

＊　＊　＊

海軍陸戰隊山地作戰訓練中心的役畜課程創始於一九八三年，原本只是實驗性質。距離軍中最後兩頭騾子蹄膀和火腿骨退役已有三十年，軍中用的役畜戰地指南更是四十年前編寫的，但很多人相信，騾子在軍隊裡仍有一席之地。不管田納西州運騾至阿富汗的計畫最後執行得有多拙劣，不得不承認，馱畜在特定戰場地形確實不可或缺。役畜課程除了教部隊裝載、指揮及照顧動物，也教士兵如何向當地飼主購買或租用良騾和良驢，軍方認為這比從家鄉帶動物上戰場還實用。役畜課程還會搭配中心裡其他的專門訓練，例如野地醫療和山地偵察狙擊手訓練。役畜課程原本依令只會實施五年，沒想到大受歡迎，所以過了原定終止日期後，仍然繼續實施。

國防部最近更透過訓練暨教育指揮部，將役畜課程頒行為正式課程。這些訓練原本多半只是一種假設性的練習，直到二〇〇一年，美國在阿富汗展開持久自由行動（Operation Enduring Freedom）——動物從一開始就參與在內。馬背上的特種部隊，於二〇〇一年底協助收復馬扎里沙里夫市（Mazeri-i-Sharif），其餘美軍部隊也各自率領騾隊深入山區。

東尼・帕克赫斯特從一九八八年起斷斷續續擔任役畜課程總召，廄棚內的動物數量也慢慢擴張到現有的二十九頭騾子、五頭驢子和十一匹馬。他要求中心隨時備有這三種馬科動物，讓部隊能熟悉不同動物的體型和脾氣，未來部署到戰地時，不論遇上哪一種馱畜，士兵都能有充分的準備。沉著、警醒又健壯的騾子，是帕克赫斯特偏愛的示範教具。訓練課程一年開設九梯，每一梯次招收四十八名學員，通常全年都會被海軍陸戰隊、陸軍部隊和北約的盟軍士兵預約滿檔。二〇〇四年，在延宕了四十年後，編號FM 3-05.213的新版戰地指南《特種部隊役畜使用指南》終於發行，美軍重新操練起騾子事業。

我走訪訓練中心的下午，朋德爾頓營區來的部隊正在練習平衡載物重量，使用的教具有成堆的牛奶盒、紙箱和AT4反坦克火箭筒空管，這個空管長達一百零一公分，填彈後重約七公斤，與方形紙箱堆放在一起，形狀扞格不入。明天他們計畫實際帶騾子入山，就地紮營，半夜起來練習摸黑裝載騾隻，然後嘗試尋回雷肯·蘭迪（Recon Randy）——一具八十公斤的橡膠假人——代表著陣亡士兵的遺體。參與課程的騾子除了有愛踢人的艾德加，還有阿洛、凱特、比爾和凱倫，個個滿面倦容但耐著性子忍受阿兵哥的拉扯和拴套。

帕克赫斯特的騾子都是向華倫·強森（Warren Johnson）買的，他是蒙大拿州一名旅行用品零售商。他售出騾子前必會先調教過，讓騾子的性情穩定下來。「難免有一些騾子比較不識相，但只要是向強森買的產品，對用戶都很友善。」帕克赫斯特說。這份工作他最喜歡的環節，就是看著阿兵哥漸漸習慣與動物為伴。「他們從一開始覺得：天啊，牠是不是要踹我？慢慢變成會去抱牠們、疼愛牠們，甚至想帶回家養。」沉默片刻後，他又補上一句：「反正，周圍都在朝你開槍的時候，任何能寄託情感的東西，人都會想珍惜。」

回到家以後，我和幾名駐紮在阿富汗的軍事人員通上電話。他們經常用到役畜，其中最常使用驢子，因為阿富汗雖然也有騾子，但仍以驢子最常見。與我通話的是一名上尉，正於潘杰希爾山谷

（Panjshir）與地區重建小組合作。他說上級批准只要是「執行任務所必須」，部隊就可以逕行租用役畜。他告訴我，「申購單的分類是**任務用動物**。」隨即又更正說，「不對，實際的用語是**輔助訓練暨貨物與人員運輸用動物**。」上尉非常感佩這些動物不論何時都處之泰然——不停向前走，要求牠背什麼就背什麼，長途跋涉登上山嶺，行走在崎嶇的山脊上，結束後又再折返回來，等待下一次載貨上路。

5 小翅膀

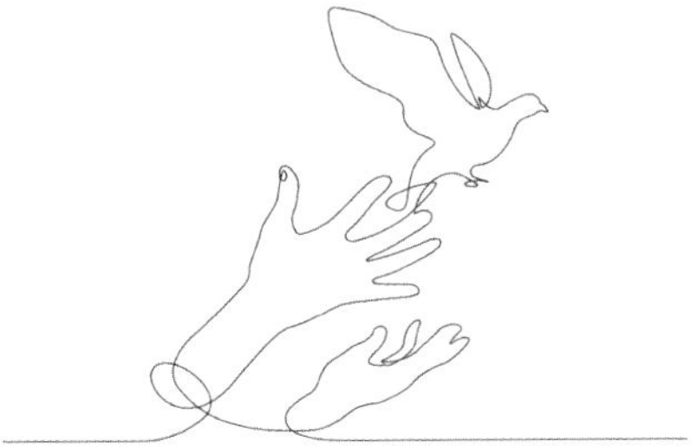

不久前，一個陽光和煦、微風宜人的星期六，薩朵娜・墨菲（Sedona Murphy）送走了她的鴿子。她這些鴿子認得回家的路，當天上午才在南波士頓街區上空，繞著茂密的老樹和連綿尖聳的屋頂飛了幾圈，最後飛回薩朵娜家後院灰色的棚屋，東倒西歪但溫順地走進木箱裡——那就是牠們的家。這些是賽鴿，很習慣被裝在箱裡攜帶移動，所以對狹小空間並不陌生，但這些鴿子不會知道，這將是牠們最後一次自由飛翔。

薩朵娜不得不把鴿子送走，因為她們要搬家了。新家在波士頓西方的郊區市鎮紹斯伯勒，但鴿子不會同意搬遷。不論新家的院子有多美，這些鴿子心目中的家，永遠是一家人即將搬離的東第五街的窄小木屋。鴿子就算被載到紹斯伯勒，甚至願意走出鴿舍，也會立刻展翅飛向東第五街，認定自己是在「回家」。

這些搬家的鴿子——應該說，飼主搬家的鴿子——偶爾有的經過訓練，能對新的鴿舍建立羈絆，但訓練過程非常困難。被人養大且住在鴿舍裡的鴿子，並沒有在野外生活的習性，所以也不能單純野放就不管了。有歸巢能力的信鴿一旦必須搬家，餘生都得關在籠子裡，成為養鴿人口中的「囚鴿」。理想情況下，囚鴿可以被養在大型鳥舍裡，雖然不能放飛，但還是有空間飛翔。而最壞的情況下，則鮮少有機會再次飛翔。

薩朵娜與母親瑪姬和雙胞胎弟弟派翠克一起坐進車裡，她用木箱裝著的鴿子則放在車後座。在箱內的鴿子就像在電子遊樂場常能看到的老頭子，咕噥著只有自己聽得見的話。瑪姬倒出車道，左彎右拐後開上公路，一路經過幾個交流道，再幾分鐘就能抵達「南岸飛鴿會」（South Shore Pigeon Flyer）。麻州有二十多間賽鴿愛好會，這裡是其中一間，我們將在這裡與鴿子道別。

薩朵娜在車上沉默無語。她今年十三歲，是個長腿高䠷的小女生，金髮像童話公主一樣豐厚，但舉手投足間流露出一股莊重與嚴謹的氣質。她舉止優雅，說話偶爾不免用上她這個年紀會用的詞彙，例如今早她才萬分驚訝地宣布，原來大蒂頓國家公園（Grand Tetons）名字的意思是「大奶子」。但平常她的用字遣詞可謂超齡成熟，她是很多人形容的「老靈魂」。有一次我去她家拜訪，她找了朋友來家裡玩，手上捧著一隻鴿子正在向朋友介紹。鴿子在她手中東啄西啄、不安地扭動，她的朋友尖聲怪叫嫌棄噁心，薩朵娜則不耐煩地瞪了朋友一眼，隨即把手上的鴿子轉過來，語氣堅定地對著鳥說：「嘿！你是一隻無敵、無敵的鳥！」

南岸飛鴿會位於一間屋頂坍陷的穀倉，就在會長達米安・萊文吉（Damien Levangie）家後院。

我們下車時，萊文吉正站在穀倉二樓的小陽台外，仰頭看著天空。瑪姬大聲和他打招呼。「我現在走不開！」萊文吉對著樓下喊，「我在等鳥回來。」今天清晨，波士頓地區數千隻賽鴿參加兩百英里競速賽，從波克夏山脈附近的起點集體放飛，萊文吉的鴿群現在隨時可能回到家，他得引誘鴿子通過電子終點線，這樣，鴿子的腳環才會觸動官方計分的計時器。

「我們把薩朵娜的鴿子帶來了。」瑪姬對他說。

「放著就好。」萊文吉心不在焉。他瞥見空中掠過一雙翅膀，馬上轉身用力搖晃一罐穀子吸引鳥兒注意，免得鴿子耗了太久不肯降落，他就拿不到最佳成績了。瑪姬和薩朵娜又等了一會兒，但萊文吉始終無心理睬她們。最後是薩朵娜自己走到穀倉旁放下鴿箱，回頭爬上了車。等我們回到墨菲的舊家，家族的友人雷諾已經開始動手拆除薩朵娜的鴿舍，復原成庭院工具棚的模樣。薩朵娜站在遠處看著他拆，「看起來好空蕩。」她語帶哽咽，語氣哀傷。「鴿子都不在了。」瑪姬說，她也陪女兒一起看著拆除工程。棲架搬出來了，緊接著是鳥盆和幾袋二十多公斤重的鴿飼料；透明合成樹脂門也拆下來了，那是鴿子每回出去飛了幾圈，回家時一定會蹦跳經過的那扇門。

＊　＊　＊

賽鴿對「家」，有一股堅定不移、幾乎不可更易的深刻執念，這是牠們的奇妙之處，卻也帶來問題。美國人平均每五年會搬家一次，但鴿子幾乎從不搬家，養鴿這門興趣也因此在無形中要求人持守不變、待在固定的地方。就好像你把收藏的郵票全貼在房間牆壁上，等到必須搬家時，郵票已經牢牢黏住撕不下來了。有些賽鴿人士遇到遷居的抉擇，最後往往認為搬家是不可行的。墨菲一家的新家沒有鴿舍，所以瑪姬覺得上上之策就是說服薩朵娜，把鴿子送給賽鴿協會內、那些家裡有鴿舍的人。

我對賽鴿產生興趣是在認識薩朵娜之前不久。我向麥特・莫伽利（Matt Moceri）學了一陣子這門技巧，他的鴿子隸屬於北波士頓的「格洛斯特賽鴿會」（Gloucester Racing Club）。五十六歲的麥特頭髮烏黑、身材瘦小，但說話聲音響亮，神態開朗。他從一九八二年開始養鴿，鴿群一直至少維持有六十隻。麥特幾乎大半輩子都住在格洛斯特的同一棟房子裡，他也想拋開這裡濕冷的冬天，搬到佛羅里達州坦帕市那樣溫暖宜人的地方，尤其五年前得知自己罹癌後，這股衝動更加強烈。「我太太希望在我嗝屁前，到佛州買塊地。」他告訴我，「但只要這些鳥在，我就搬不了家，牠們屬於這棟房子。」

* * *

好比說，肯塔基德比大賽（Kentucky Derby）中，所有的參賽馬匹都是由卡車載送到某個偏遠地點再放出來，朝各自的馬廄拔足狂奔，跨越終點線後，再由賽事書記官計算所花的時間（計入各穀倉的距離差異），然後列出排名，同樣的，這差不多就是賽鴿的概念。賽鴿與觀眾群聚型的運動恰好相反：參賽的鴿子只有放飛的瞬間會聚集在一起。放飛則是由單名司機載運所有參賽者前往起點進行，遇上大型賽事時，參賽鴿可能有上千隻。飼主極少會陪同前往，因為鴿子飛行速度最快可達每小時九十六公里，飼主若也前往起點，可能會來不及回家迎接自家的鴿子飛返。完賽時，飼主也不會聚集在一處，因為每個人都想看著自己的鴿群順利飛回鴿舍。「大家都是一個人在院子裡慢慢等。」一位賽鴿玩家告訴我，「聽聽音樂、看看棒球賽，喝杯調酒啦，隨時看看可愛的天空。」

信鴿可以憑本能找到回家的路，但也需要練習。賽鴿玩家黎明即起，因為這種行話稱作「投放訓練」的練習，理想時段通常在清晨，這個時間飛才不會太熱。很多人會每週連續幾天把鴿子載往更遠一點的地方，鍛鍊耐力之餘，也藉此增強鴿子對家的依戀。

美國賽鴿聯盟（American Racing Pigeon Union）每年監辦兩個賽季，春季賽事供一歲以上的信鴿參加，秋季賽事則供年齡更小的信鴿參加。比賽每週於不同地區舉行，賽程長度從一百六十公里到九百六十公里不等。部分賽事獲勝者有獎金可得，有些獎金高達數千美元。另外，在南非舉行的一場系列賽，獎金甚至高達一百萬美元。但大多數時候，人們賽鴿只是為了那股興奮緊張的心情，榮譽感就是你僅有的獎勵。

賽鴿有數十種的品種，全都是原鴿（rock dove）的變種，也就是都市人常能看到在人行道晃頭晃腦的路邊野鳥。鑑賞鴿——匹克米球胸鴿（pigmy pouter）、東方種鴿（Oriental frill）、短臉翻頭鴿（short-faced tumbler）等，則是專為參展及表演培育的品種。至於信鴿的培育，則是專門為了全速歸巢。信鴿認路的能力，以及直奔回家的意願，從羅馬帝國時代起就有記載。埃及人和土耳其人會訓練鴿子送信；中國各朝代也常仰賴飛鴿傳書。傳聞羅斯柴爾德伯爵❷便是透過信鴿傳遞的情報，提前得知拿破崙在滑鐵盧戰敗的消息，而得以利用消息操縱金融投資。

十九世紀，保羅·路透（Paul Julius Reuter）首創由一連串飛鴿郵遞組成的新聞服務。倫敦股市行情定期靠信鴿從倫敦送往安特衛普。鴿子也被德國、法國、荷蘭、英格蘭、比利時及美國軍隊廣泛用於運送軍令和縮微膠捲。有些軍用鴿甚至能執行監視的任務。「假如哪天早上醒來，你看見窗台上站著一隻鬼鬼祟祟的鳥，身上還有一台迷你相機對著你，八九不離十，他就是美國派來的攝影鳥。」美國作家柯特倫（Marion Cothren）於一九四四年的著作《鴿子英雄》（*Pigeon Heroes*）寫道：「不甘屈居德國、俄羅斯和日本之後，我國的信鴿服務局也訓練鴿子……背著固定在胸前的鋁製相機……聰明的攝影鳥被用來空拍部隊或彈藥庫位置。」

第二次世界大戰期間，美軍曾表彰一隻信鴿的英勇事蹟，編號「U.S.1169」的這隻鴿子頂著暴風雨，從美國海岸防衛隊一艘就快沉沒的船艦起飛，將船隻遇難的消息帶給搜救人員。一九四三年至一九四九年間，英國為戰爭英勇動物頒發的迪金勳章（Dickin Medal），共計頒給三十二隻鴿子，是狗英雄受勳數量的將近兩倍。

* * *

賽鴿發展成競賽運動始於十九世紀初的比利時，信鴿受到代代精心培育，耐力和速度都更勝以往。到了一八八〇年代，全程五百英里乃至於一千英里的賽事，在歐洲和美國都經常舉行。發展到現在，賽鴿運動歷經了許多變化。電子終點線於十年前首度採用。以前，參賽者必須在賽鴿回到籠舍後抓住鴿子，拆下腳環，對照手動計時器登記腳環編號。如今，鴿子只要飛進鴿舍，電眼就能自動記錄抵達時間。坊間也有專為賽鴿隊伍飼主設計的軟體（「鴿舍妙管家……管理所有賽鴿資料簡單又迅速……紀錄、血統、賽事成績一把罩」）。現代的飼養方法能刺激羽毛生長得更強韌，市面上還出現含有磁粉的鴿飼料，號稱有助於導航。此外也有不少新研發的加速技術，其中一招稱為「寡飛」（widowhood），做法是把一對繁殖偶刻意拆散，刺激牠們對彼此的渴望，從而提升鴿子回家的速度。但根本上而言，賽鴿運動的本質百年多來不曾改變，說到底，無非仍是一場看誰家的鳥兒能最快趕回鴿舍的競賽。

至今沒人能百分百確定鴿子究竟是怎麼做到這了不起的成就。科學家研究信鴿數十年，千方百計找答案。康乃爾大學的鳥禽專家自一九六七年起就對信鴿自動還巢的本能作過無數實驗，盛行的

2 譯注：羅斯柴爾德家族（Rothschild family）始於十八世紀德國猶太裔銀行家邁爾．羅斯柴爾德（Mayer Amschel Rothschild），子孫將他的金融事業拓展至倫敦、巴黎、維也納、拿坡里等地，形成跨國的銀行世家，直至近代都是全世界首富家族。

一個理論叫作「慣性路徑」，認為鴿子是憑身體經驗記住從鴿舍到起點線的路程，之後再循原路返回，但這並不能充分解釋鴿子還巢的能力。

至於其他理論，也往往解釋不了。很多人長久以來相信鴿子是靠視覺認路，但後來有研究人員替信鴿戴上不透光的隱形眼鏡，發現鴿子依舊能找到路回家。也有人認為鴿子把太陽當作羅盤，但這個假設隨即遭到事實否定，因為鴿子在多雲的陰天照樣認得回家的路。科學家也懷疑過鴿子是不是憑嗅覺、聽覺，或透過感測次聲波、磁場或心電感應才找到路。現在多數人相信鴿子是綜合以上的能力為自己指引方向，而賽鴿愛好者常用的解釋則是：鴿子只要喜歡牠的窩，就會動用所有動物本能，找到回家的路，只是這些本能超越了人類的觀測能力罷了。薩朵娜相信磁力多少要負點責任，但她最買單的還是偏向情感上的解釋：**鴿子就是抗拒不了家的呼喚**。「我相信原因出在牠們對鴿舍的愛！」她告訴我，「鴿子會一再回到自己心目中的家。」

偶爾也會有鴿子迷途。原因很多。可能被一陣狂風吹偏方向，之後沒能再修正路線。也有人懷疑手機電波會干擾鴿子的方向感。一九九八年，一千兩百隻參賽鴿子從維吉尼亞州出發，預計飛返賓州，卻有超過半數再也不見蹤影。沒人曉得這些鴿子為什麼會走上歧路，但很多人猜測是手機訊號造成了干擾。幾年後，麻州舉行聖彼得節慶典，為了增添氣氛，慶典上放出了一百隻白鴿。照道理牠們應該會立刻飛回家，但慶典結束後都過了好幾星期，還有人看到這些白鴿在附近振翅亂飛，茫然迷失方向。

薩朵娜很疼愛的一隻鴿子叫小太陽，但他在一次投放訓練後失蹤，至今都沒回家。薩朵娜說，她覺得後來有幾次好像看到他在波士頓市區的馬路上亂走。她的鴿子與她過從甚密，只要她出聲叫喚，鴿子一向會過來，與寵物狗沒兩樣，但小太陽這次似乎找到了新家。

不過，信鴿絕大多數時候還是很可靠的。去年秋天，我隨麥特．莫伽利去做投放訓練。其中除了他自己的數十隻鴿子，還有一些是鴿友的鴿子。投放起點是麻州格林菲爾德一處停車場，距離他家約一百英里。我們凌晨摸黑離開格洛斯特，抵達格林菲爾德時日頭才剛升起幾分鐘，時間還早，鴿群飛行途中氣溫還不至於升得太高。停車場旁鄰接一片鷓鴣農場，我們停車時還能隔著圍網看到鷓鴣疑神疑鬼地打量我們。

麥特的皮卡貨車後頭載著約一千隻鴿子，鴿籠一層層緊密相疊。麥特一打開籠門，鴿子立刻一湧而出，像一道灰色水柱從貨車噴發出來，旋即一飛沖天，消失在晨光下。鴿子就這樣被釋放到野外了，實在很難相信牠們能找到路回家，甚至願意回家。我以為回到格洛斯特後還得等上幾個鐘頭才會瞥見鴿子姍姍回家，未料才剛回到麥特家，走進院子裡，他的鴿群老早已經在鴿舍屋頂上排排站好。這些鴿子分明才用驚人的高速飛越百里，此刻看起來卻老神在在，一會兒抖抖羽毛，一會兒欠身點頭，嘴裡發出咕咕呢喃，彷彿在為一場盛大的魔術謝幕。

＊　＊　＊

平常你用一百美元就能買到一隻賽鴿，你也可以豪擲三萬多美元，買一隻擁有冠軍血統的賽鴿。不過總體而言，從事賽鴿活動的花費還算合理。鴿飼料每公斤約五十五美分，基本設備頂多幾百美元，鴿會會員和賽事報名費大約一年兩百五十美元。最大開銷是電子計時器，貴者可能要近千美元，以及鴿子生病的看診費用。

薩朵娜在兩年前擁有了她的第一群鴿子，是瑪姬的朋友比爾．荷西送給她的禮物，比爾把自己一百隻鴿子的賽鴿隊取名為「荷西－恩達飛行小隊」（Hussey-N-Da Lofts）。薩朵娜向來熱愛動物，墨菲家當時已經養了一條澳洲牧羊犬、一隻貓和一隻守宮。薩朵娜很疼愛牠們，但鳥兒更令她痴狂。小的時候，她躺在家附近的公園草地上觀察野生鴿子，一連好幾個小時也看不膩。

為了協助女兒訓練鴿子，瑪姬每天清晨五點就得起床，等保姆來接手照顧薩朵娜和弟弟後，她再開車到一小時車程外的地方，放飛鴿子，然後回頭駛往警察局，開始一天的工作。瑪姬是一名刑警，她和先生離婚了。薩朵娜不太提爸爸的事，但有天下午她跟我說：「爸爸養過一隻鸚鵡，但是後來送人了。好像是他對鸚鵡過敏，而且那隻鳥不喜歡女人。」幾年前，墨菲家的鄰居吉姆與瑪麗．雷諾夫婦，提議白天替墨菲家遛狗。雷諾夫婦膝下無子，幫忙遛狗讓他們與薩朵娜和派翠克多了互動。久而久之，他們儼然就像兩姊弟的爺爺奶奶，瑪姬去上班時，就由夫婦倆幫忙照顧孩子，代勞一些家務，兩家因此結起深厚的情誼。當瑪姬告訴雷諾夫婦即將搬去紹斯伯勒，雷諾夫婦也覺得他們夫妻雖然在南波士頓生活了幾十年，但現在換換環境或許不失為好時機，還可以和墨菲家繼續當鄰居。

比爾．荷西送給薩朵娜兩隻幼鴿——不受拘束的小太陽和比較溫馴的月亮史黛拉。薩朵娜加入南岸飛鴿會後，別的會員又送了她幾隻。她的鴿子互相交配，不久她就有了十八隻鴿子。這些鴿子起初住在屋內的舊兔籠，害得家裡的貓狗和守宮都有些坐立不安，到了後來只要經過廚房都免不了踩到滿腳的鴿子飼料，瑪姬才買來一間庭園工具棚，並改造成鴿舍。

吉姆．雷諾幫他們在狹長後院的遠端搭起屋棚，他的兒時玩伴養過信鴿，所以他大致懂得照顧鴿子，也能協助薩朵娜布置鴿舍。弟弟派翠克也喜歡鴿子，偶爾會過來和鴿子相處一會兒，但他還是比較偏愛狗和貓。全心愛上鴿子的是薩朵娜，她覺得鴿子很美——「我知道很多人覺得鴿子很普通，甚至很醜陋。」她說。「但我覺得鴿子是小小的藝術品。」她也喜歡看鴿子競速。她替自己的幼齡鴿子報名一百和兩百英里的比賽，有幾隻在比賽途中被蒼鷹抓走，還有幾隻則感染了在鴿會鳥隻間傳播的病毒死亡。

她知道自己的對手都是些擁有大群冠軍血統賽鴿的成年人，但薩朵娜依然以自己的鴿子為傲。有一天，我到她家拜訪，她為我逐一介紹家裡的鴿子，彷彿每一隻都是選美大賽的參賽者。她托著鴿子旋轉到各個角度，讓我能夠看清楚特徵，同時鉅細靡遺地講解每隻鴿子的優點，活像馬匹拍賣商在兜售滿一歲的公駒。「這一隻的羽毛非常滑順……這一隻的顏色稱為白花，很漂亮吧……然後這一隻呢，胸膛挺得特別高……這一隻是斑斑，她太胖了，我們得幫她減肥……這一隻是閃電，基因很優秀。」

＊＊＊

我認識薩朵娜的時候，瑪姬已經做了搬家的決定。大量的紙箱像玩跳房子似的從前門一直堆到了後門，房地產廣告單在廚房桌上疊成一堆。這個決定並不容易，這棟房子從一九〇〇年代初就是瑪姬家族的祖產，但周圍鄰居早已換過一輪。瑪姬向我解釋，她認識的每個人都搬走了，新鄰居又都是嫌棄東挑剔西的類型，會為了小孩子在院子附近瞎胡鬧或在街上玩鬼抓人而斥責她的孩子。她現在買下了紹斯伯勒郊區一棟氣派的老屋，地坪有近一英畝，能夠給一家人充裕的空間，尤其和南波士頓比起來，波士頓的房子簡直是一戶緊挨著一戶。

薩朵娜喜歡打壘球和踢足球，同時是個造詣不俗的芭蕾舞者，但她喜愛賽鴿勝過其他每一項興趣。不得不送走鴿子讓她很受打擊，訓練鴿子、調教鴿子、照顧鴿子對她來說，比琢磨怎樣打出平飛球或跳出小踢腿更有吸引力。她知道再過不久，她就再也看不到她的鴿子從屋頂上空掠過，匆匆飛回鴿舍了。所以她寵溺牠們，幻想著哪一隻鴿子說不定能在賽事中闖出名堂。實話說，她的賽鴿成績一向平平，表現最佳的一次是她的鴿子S. J.，在三百隻參賽鴿子中排名第四十九。但在當下，未來似乎仍有無限可能。

夏末一個炎熱的午後，我們坐在鴿舍旁聊起搬家的事。薩朵娜承認新家既寬敞又溫馨，接著話鋒一轉，突然說她想幫鴿子洗個澡，讓我瞧瞧鴿子與她多親暱。鴿舍很小，只容得下我們兩個勉強擠進門內，但裡頭乾淨宜人，充斥著一種奇特的鳥類聲響，幾乎算不上是噪音，比較像一種有抑揚頓挫的震動，像電吉他不插電就撥動琴弦。薩朵娜把一隻褐色花斑的鴿子抱近胸前。「你知道嗎？」她說，「有的人可以靠鴿子成為百萬富翁。」

薩朵娜心中依然堅信，說不定有一天她還能把鴿子接回來——說不定她和媽媽會在新家蓋一間大鳥舍，就算她的鴿子以後只能當囚鴿，再也不能到戶外自由飛翔了，還是能和她快快樂樂住在一起。但她最近轉念說，搬家後她可能會研究養鑑賞鴿，而不再養賽鴿了。她覺得鑑賞鴿很華麗，她在馬戲團表演見過一隻鑑賞鴿站在狗狗背上，印象非常深刻。而且，鑑賞鴿胖敦敦的，性格溫順，即使飛也只會繞著圈子飛，不會老是渴望直奔回家。

* * *

愛好鴿子的名人有拳王泰森、華特．迪士尼、畢卡索（他將一個女兒取名為「帕洛瑪」，西班牙語的意思就是鴿子）、馬龍．白蘭度（於電影《岸上風雲》〔*On the Waterfront*〕飾演泰瑞．馬洛伊）、羅伊．羅傑斯，以及英王喬治五世。賽鴿是國際性的活動，在比利時，盛行程度據說不亞於單車和足球。在英格蘭也發展蓬勃（不久前才有一隻天賦異稟的賽鴿以近二十萬美元的價格售出）。在歐洲他國，賽鴿明星如「荷蘭奇蹟少年」馬歇爾．山格斯（Marcel Sangers）的錄影帶銷售時附的廣告側標往往一口氣還讀不完：「在賽鴿熱點祖特芬出戰賽鴿界名將，馬歇爾實現了許多人只敢幻想的心願。」賽鴿運動在中東蔚為時尚，台灣人更是趨之若鶩。台灣最大規模賽事的獎金可以上看三百萬美元。

賽鴿賭博是司空見慣的事，相關犯罪也不罕見，包括在比賽路徑上拉起巨網，綁架受困的鴿子要脅贖金，或是偷偷把鴿子夾帶上飛機，搶先一步趕往終點線。同為鴿子傾心的情感，似乎也讓人產生一種不分國界的包容心。「不論你講什麼語言，不論你住在哪個國家，」美國賽鴿聯盟主席葛林霍（Frank Greenhall）告訴我，「只要是和愛鴿人士坐下來聊天，你們說的都會是同一種語言——關於鴿子的語言。」

美國賽鴿聯盟有一萬名會員，統轄全國八百間鴿會，另外有數百間鴿會隸屬於「美國信鴿愛好者國際聯會」（International Federation of American Homing Pigeon Fanciers）。人數看似很多，其實盛況大不如前。以波士頓地區的鴿會來說，會員數與二十年前相比約少去了一半。賽鴿人士都到哪裡去了？有的人抱怨他們厭倦了沒完沒了地照顧動物——與高爾夫球之類的消遣相比，涉及活體動物的休閒活動就是有這種煩惱。而且近年來，想飼養鴿子也愈來愈難——對傳染病的擔憂、對賽鴿是否違反動物權益的顧慮，促使不少城市立法管制鴿舍，芝加哥甚至徹底禁止養鴿。此外，蒼鷹等猛禽數量回升，尤其在都會地區，也讓許多人在萬般無奈下放棄養鴿，因為不忍讓自己精心訓練的賽鴿隊伍一再淪為獵物。

不過最近開始有從中國和越南來到美國的新移民加入這項運動，鞏固了賽鴿的人數，此外，愛鴿人士也看到其他充滿希望的徵兆。去年夏天，我前往麻州瀑河城參加當地鴿會的年度拍賣會和野餐聚會。葛林霍對在場群眾疾呼：「每隔一陣子就會有人說，賽鴿運動衰微了啦。但目前賽鴿其實發展得比以前都活躍。」會場眾聲嘈雜到幾乎聽不見他的聲音，這邊有幾十個小朋友在海綿寶寶充氣樂園裡相互尖叫，那邊有一群男人高談闊論每隻拍賣鴿子的優點，排隊拿烤肉的人也在談笑聊天。葛林霍又繼續說，「我們很快就能讓童軍協會把賽鴿列入專科徽章。現在有九個學校系統用鴿子來教數學和科學。」他環顧野餐的民眾，狀甚滿意地點了點頭，接著補上一句，「現在就連有些監獄也開始舉辦賽鴿了！」

作為賽鴿玩家，薩朵娜很不合典型。賽鴿愛好者大多數是男性，且年紀多在中年以上。鴿會對內友善，對外則有排他性。大波士頓信鴿同好會（Greater Boston Homing Pigeon Concourse）是波士頓地區所有鴿會的總理事機構，座右銘就是「競爭之下出友誼」。每逢賽事前夜，鴿會成員總會聚在各個會所，一方面等待卡車來載走鴿子，順便打打紙牌、看看體育轉播、喝喝啤酒、講講下流笑話。瑪姬寧可提前載女兒和她的鴿子去南岸鴿會總部，以避開一些粗鄙的場面。她們通常寒暄幾句，放鴿子下車後就直接回家了。

賽鴿圈的女性玩家屈指可數，但薩朵娜最突出的是她的年紀。她在波士頓賽鴿圈小有名氣，因為這項運動極少有兒童參與。我有一次問她，與別人不同的感覺酷嗎？她想了一下，緩緩開口：

「鴿會裡的其他人不是很有趣。但還算……呃，好玩啦。」我認識的許多愛鴿人士都覺得，不管如何好說歹說，小孩對賽鴿就是不感興趣，想到心裡就有氣。他們聲稱自家的小孩只愛玩電腦，兒子整天只想著追女生。我遇過一些人，小時候接觸過賽鴿，成年後就拋在腦後，到了晚年才又重拾這項興趣。我以為這或多或少能安慰他們，小孩子嘛，現在沒興趣，但或許哪天又會回頭投入賽鴿運動了。

但很多人還是揮不去擔憂，心中總有不祥的預感，覺得就算有童軍協會、數學課、監獄等好消息，賽鴿活動還是注定衰微。這種擔憂似乎也表現出他們的矛盾心理，本該是一件娛樂消遣的事，卻帶給自己異常多的限制。到格林菲爾德進行投放訓練那天清早，我在一間沃瑪超市的停車場等待麥特，在場還有另外五名賽鴿玩家。時間才清晨五點四十五分，我向其中一人問候搭話，想不到他說：「老實說，我覺得很累。我說真的……開車來的路上，我好幾次問自己，清晨五點鐘起床，就為了一些鳥，我這是何苦？」

麥特是大波士頓信鴿同好會的賽事祕書，但他私下向我透露，他漸漸勸自己要退出鴿賽了。話雖如此，每次望著鴿子飛向天空，然後又神奇地回到家裡，他還是備感振奮，儘管放飛後看著鴿子回家的這個過程，他早已重複不下千遍。在停車場的那個早晨，他也迫不及待想帶鴿子去格林菲爾德放飛。「嘿，載上鴿子就出發吧！」他大聲嚷著。「我們已經晚了四分鐘！」

＊　＊　＊

格林菲爾德放飛當天，麥特有其他鴿子正在參賽，比賽放飛地點在紐約州伊利安，距離波士頓約兩百英里——為了方便計時與計速，確切的數字是距離麥特的鴿舍兩百二十四點五九二英里。麥特放飛完鴿子後，就一心趕著回家迎接伊利安賽的鴿子回家。他覺得賽況樂觀，雖然這不能算是他生涯的最佳賽季。「打從生病以後，我的表現就不是太好，所以大家反而喜歡我。」他用力拍了下方向盤。「以前我的鳥表現優異，周圍很多人看了眼紅。養鴿人就是這樣，心裡頭常常很多敵意。」突然，他的手機響了，他抓起電話：「七點四十五分放飛了。嗯，好。祝你好運。」掛斷不到一分鐘，電話又響了。他回答的還是同一段話。開車回格洛斯特剩餘的路途上，他的手機每隔幾分鐘就會響起，都是其他參賽者打來探聽放飛是否順利。

麥特的心境淡定。罹患癌症前，他從事工程營造和裝潢業，而今他把時間都奉獻在照顧鴿子，不然就是在家裡晃悠、臆想未來。他太太瓊恩也常代他開車去做投放訓練，因為他現在很容易累。瓊恩可能從沒想過這輩子要忙這麼多鴿子的事。麥特接受化療那陣子，有足足一年身體太過虛弱，沒力氣清理鴿舍和餵鴿子，瓊恩一個人只好包辦所有工作，到後來肺也出現一些問題，那是頻繁暴露於鳥羽粉塵的人常有的症狀。夫妻倆即使想放假，也苦於沒有人願意來幫忙照顧鴿子，況且有空照顧的人也很難找。「而且每次出門度假，我還是會花不少時間處理鴿子的事。留瓊恩一個人在泳池邊，我跑去跟養鴿人見面。」麥特說。「我也不得不啊。」

是日天氣悶熱，我們回到格洛斯特後，坐在麥特家的院子裡聽蟬聲唧唧，屋旁一株高大的楓樹枝葉婆娑，窸窣作響。我不經意讚嘆樹很美。「確實很美。只是它會擋住我的視線，讓我看不到鴿子接近。」麥特抬頭瞇眼望著樹。他身旁擺著無線電話座機，每隔幾分鐘鈴聲就會響起。「嗨，路易……沒有，我的還沒回來……好，祝你好運。」他看看錶，看看天空，低頭又看看錶。電話再度響起。「約翰，沒有，我的還沒回來。」之後電話又響了，他關掉鈴聲，說他不想知道誰的鳥已經到家，因為那就代表他們贏過他了。他的鴿隊還沒回來，晚得不尋常。「我現在很煩，不想跟別人講話。」他說。

我問麥特認不認識薩朵娜。他說好像在一場鴿子拍賣會見過一面。我好奇他會不會考慮接手幾隻薩朵娜的鴿子，因為她得在搬家前替鴿子找個新家。他聽了之後搖頭大笑：「不可能！我自己的就夠多了。」他聊到他和太太過陣子要去坦帕市渡假，因為兒子答應幫忙照顧鴿子。愈來愈多養鴿人選擇坦帕作為退休後的去處。葛林霍也跟我說，坦帕市區附近有一個小區還被戲稱為「小比利時」，因為有非常多愛鴿人士遷居到那裡。

麥特說，也許從坦帕市回來後，他和瓊恩會開始看看房地產。像今天這樣，鴿隊表現不佳令他傷心的時候，搬家的念頭總顯得特別美好，甚至有些誘人。「我愛我的鴿子。但我也常納悶，我到底幹嘛做這件事。」才剛說完，他突然站了起來，指向楓樹後面。「有一隻！」麥特大喊。

我看見一個黑色剪影在樹冠周圍滑翔，慢慢盤旋向下，輪廓逐漸清晰，化為一隻鴿子，最後降落在鴿舍屋頂上。灰羽柔順光滑，牠有一對粉紅色鳥腳，跟一雙明亮的圓眼睛。憑著本能，或記憶，或是磁場拉力，這隻鴿子剛剛飛越了兩百英里，又或是對家的愛，將牠從遙遠的地方給召喚了回來。牠神色平靜，泰然自若，彷彿整個上午所做的不過是在家裡打打盹、在地上撿撿飼料。

「來，過來！」麥特出聲喚牠，鴿子在屋頂上一步步橫移，終於跨過電子終點線，計時器登記的歸巢時間是13:15:42，下午一點四十五分四十二秒。麥特吐出了好大一口氣，抓起電話，用力按下號碼，然後對著話筒大喊：「嘿，路易！我有一隻鳥回來了！」

6 動物開麥拉

根據美國人道協會頒定的守則，沒有動物演員該為工作操勞賣命。比方說吧，假如有一隻猿猴必須在電影片場連待三天以上，製作團隊就應該提供遊戲場地或專屬公園，讓猿猴可以活動放鬆。假如有一頭熊參與電影演出，那麼，任何會散發氣味且可能干擾熊的物品——廉價香水、烈酒、果凍甜甜圈，都應該自現場移除。貓狗電影只能選擇與狗相處融洽的貓來演。只要是魚，一天都不能拍攝超過三個鏡頭。

還有，不管在什麼情況下，動物演員都不應該被踩扁。這條原則適用於人類以外的所有演員，包括蟑螂。美國人道協會影視製作組主任凱倫・羅莎（Karen Rosa），去年夏天跟我聊到這條原則。「你如果帶著兩萬五千隻蟑螂到片場來，走的時候最好也還是兩萬五千隻蟑螂。」我好奇她會不會愛屋及烏，同樣歡迎家裡的蟑螂。她搖頭：「我家廚房的蟑螂是一回事。但電影裡，一隻蟑螂就是一名演員，和每一位演員一樣，它理應要能在一天工作結束後平安到家。」

影視製作組的總部位於加州謝爾曼奧克斯（Sherman Oaks），距離好萊塢約二十分鐘路程。總部所在處是一座低矮的水泥建物，頭頂有高速公路高架橋和一排多瘤的榕樹遮蔭。單從外觀看，這地方平凡無奇，跟汽車維修廠沒差多少，但一走進室內忽然變得陽光普照、生氣蓬勃，四處張貼電影海報，還掛著一幅明星動物演員騾子法蘭西斯的肖像。一隻娃娃臉的硬毛雜種犬在辦公室送往迎來，名字叫露露。辦公室員工進進出出，趕赴各個錄音棚和拍攝地點，氣氛熱絡而忙碌。

影視製作組共有三十名全職及兼職的片場代表，代官方監督所有在美國演員工會（Screen Actors Guild）轄下作品當中演出的動物。關照動物演員是一項重責大任，光是過去這一年內，就有逾一千四百部演員工會劇本包含了某種形式的動物演出，小自電視節目野餐場景裡的螞蟻，大至電影中百馬奔騰的場面。

單單在我來拜訪影視製作組的這個星期，就有老虎為電影《末代武士》（*The Last Samurai*）拍攝插入鏡頭；貓頭鷹、貓、鼠、狗參演《哈利波特三：阿茲卡班的逃犯》（*Harry Potter and the Prisoner of Azkaban*）；一匹迷你馬在情境喜劇《七〇年代秀》（*That '70s Show*）串場亮相；普通大小的馬演出電影《環遊世界八十天》（*Around the World in 80 Days*）和影集《化外國度》（*Deadwood*）；一隻青蛙為《灰姑娘的玻璃手機》（*A Cinderella Story*）拍了幾場戲；幾頭鹿參與拍攝《吮指少年》（*Thumbsucker*）；貓貓狗狗在為《愛情叩應》（*The Truth About Cats and Dogs*）

的續作排演；還有蜘蛛在接受《康斯坦汀：驅魔神探》（*Constantine*）試鏡。影視製作組必須追蹤關注這一切，就連假的動物和死的動物也是他們的職責。用於電影裡的動物，就算是冷凍過的，或填充後的，或以食材食品的樣子亮相（比如一條牛的後腿肉），影視製作組都必須取得證據，證明在片場裡沒有變樣。

影視製作組的員工大多曾是獸醫技術員、動物園管理員或馴馬師。很多人畢業自加州穆帕克學院的外來動物訓練及管理學程，該校號稱「美國的教學動物園」。影視製作組的代表雖然每天都得研讀劇本、走訪片場，但他們覺得自己服務的是動物產業，而非電影產業；可能就像海軍聘雇的理髮師，八成也覺得自己身屬美髮事業，而非航海事業。但實情其實介於中間。身屬好萊塢的動物世界算得上一種微妙的跨界，你會因此熟知一些幕後花絮，像是卡麥蓉．狄亞茲（Cameron Diaz）對猴子很有一套，或鱷魚威瑪生涯拍過一連串中預算的電影，如今被剝製成標本，擺設在加州千橡市布洛克特電影動物園（Brockett's Film Fauna）入口。

有天上午，我問一位專長是監督馬拍攝電影的片場代表，她的工作能認識很多電影明星吧，她喜歡這份工作嗎？她想了想才回答：「你說得沒錯，這是很棒的工作，我真心覺得和某些人建立了真感情。像我就很喜歡小鐵，還有強尼，我最最喜歡的一匹馬名字叫南瓜。」

＊　＊　＊

從前從前在好萊塢，動物的日子並不好受。只有少數動物明星享有尊榮待遇。例如牧羊犬任丁丁擁有自己的僕從和司機；牠曾與梅．蕙絲（Mae West）、馬克．森內特（Mack Sennett）、葛洛莉亞．史旺森（Gloria Swanson）合演默片的獅子傑奇，飲食指定只吃頂級牛肉和香草冰淇淋。然而，背景裡的動物卻不被當作生物看待，只被當成用完就丟的廉價道具。其中，馬受到的對待最粗暴：被絆倒、被驚嚇、被趕進壕溝，被迫在崎嶇的地形上狂奔，全都是家常便飯。為了讓馬依指令摔倒，劇組人員不是用繩索纏繞住馬的腳踝，就是在馬蹄上鑽孔穿繩，騎士只要扯緊繩索，就能讓馬翻倒在地。一九二四年，有六匹馬因拍攝電影《賓漢》（*Ben-Hur*）死亡。一九三五年，共計一百二十五匹馬在拍攝《輕騎兵的衝鋒》（*The Charge of the Light Brigade*）過程中遭繩索絆倒，其中二十五匹當場死亡或被迫安樂死。

一九三九年，為了亨利．方達（Henry Fonda）的電影《蕩寇誌》（*Jesse James*），劇組在奧札克湖上方的懸崖邊架設了搖搖欲墜的滑槽還塗上了油，馬兒被蒙上眼睛騎到懸崖邊，下一秒就被推下滑槽，只為了拍攝牛仔縱馬躍入湖中的一幕戲。馬兒當場摔斷背脊，只能就地處置。這個鏡頭最後只有前面幾幀剪入電影，但動物栽入水中後，弓著後背、四肢僵硬、無助掙扎等一連串畫面如噩夢般不忍卒睹。

美國人道協會創立於十九世紀末，是動物及兒童福利倡議團體，他們看過這段影片以後發布了一篇報告，譴責電影產業虐待動物。作為回應，美國電影製片人與發行人協會（後改名美國電影協會）於電影製作守則當中增補了一段，稱為「海斯守則」（Hays Code），明文禁用傾斜滑槽和絆索。美國人道協會隨後也開設好萊塢駐點辦公室，強力執行新的準則。協會除了在片場監督動物受到的照顧，也致力於發揚動物演員。一九五一年，協會創辦「動物表演年度明星獎」（Performing Animal Star of the Year，簡稱PATSY），騾子法蘭西斯就是PATSY獎第一屆得主。一九七三年，美國人道協會又創立了動物演員名人堂，靈犬萊西是首位入主的動物明星。

回頭來看，片場動物照顧條款與電影製作守則倒也挺契合電影。製作守則當初設立的目的，是用於監管電影的道德內容，對大銀幕上的身體裸露、親吻時間，或如「幹」、「發情公狗」等淫穢用語施以限制。如今，動物待遇也說怪不怪地納入了守則裡。

一九五〇年代，經過最高法院的一系列裁決，最後基於憲法第一修正案，認定海斯守則違憲。海斯守則終止實施，進而導致美國人道協會在片場對動物照顧的監督中止，只有少數電影仍同意協會派代表到場觀察，但大多數則不然。當時依舊有上百部電影和電視戲劇動用到動物——更何況，那正是西部片興盛的年代。羅莎說，這段時期的動物安全標準甚至比海斯守則制定前還要低落。如《大峽谷》（*The Missouri Breaks*）、《天堂之門》（*Heaven's Gate*）、《現代啟示錄》（*Apocalypse Now*）等電影，全都發生過動物於拍攝期間意外死亡。《天堂之門》片中真實呈現了鬥雞場景，為了取血做效果，有好幾隻雞被砍了頭。

七〇年代末，漸漸有演員和劇組人員鼓吹恢復片場的動物照顧準則。羅伊・羅傑斯（Roy

Rogers）公開投書《洛杉磯稽查報》（*Los Angeles Examiner*），支持監督電影產業。「好萊塢過去殘忍地對待動物演員，如今可總算學到了經驗，拍拍鼻子和餵一塊糖有長遠的益處……我的寵物帕洛米諾馬崔格……今日影壇中訓練最完美的一匹馬，從來不曾受到虐待。他向來被待之以溫柔、明理和耐心……每次與崔格一起拍完一個場景，我一定會和他聊聊。我認為他聽得懂我說的話。吉恩・奧崔（Gene Autry）的馬叫冠軍，特克斯・瑞特（Tex Ritter）的馬叫閃電，比爾・艾略特（Bill Elliott）的馬叫雷霆，他們八成也都聽得懂吉恩、特克斯和比爾說的話。這些馬兒不識殘酷。」鼓吹之下，終於有了結果。一九八〇年，美國演員工會修訂的製作人協議中新增了要求善待動物的規範，人道協會也再度獲得授權，可以監督電影、電視、廣告及音樂錄影帶使用動物演員，並有權核准或不核准影片在片尾加註那一行商標般的聲明：「本片拍攝過程沒有任何動物受到傷害。」

＊＊＊

很多民眾不知道，人道協會只是監督拍攝過程，並不會審查電影內容。「我們接到太多電話和電子郵件抱怨電影的內容了！」凱倫・羅莎說。「民眾不懂，我們不會告訴製作人電影應該拍些什麼，我們只是監督畫面是怎麼拍出來的而已。」電影《綠色奇蹟》（*The Green Mile*）上映後，老鼠被一腳踩死的畫面讓影視製作組接到數十多通陳情抱怨，雖然協會網站上清楚表明，踩死老鼠的場景實際只用了填充標本和電腦動畫。

不過有時候，就連影視製作組的員工自己也會上當。羅莎監製電影《霹靂高手》（*O Brother, Where Art Thou?*），與員工在審閱最後剪出的版本時，發現居然有一個場景是乳牛活生生被卡車撞上，她們嚇了一大跳。她撥電話向製作人抗議，對方聽了樂不可支，因為那個場景其實是電腦後製的，他們覺得既然能唬倒影視製作組，表示後製做得很成功。人道協會給了電影「可接受」的評級，網站上詳細說明了這個場景：「有一頭乳牛看似遭車輛撞擊倒斃，其實一連串畫面是利用在車上連接電線的方式拍攝而成，車輛不僅未曾撞到動物，實際上與乳牛相距更有七公尺之多。只要拉動電線，車輛就會戛然停下，產生彷彿撞上物體的效果。乳牛則是後製加入的電腦生成影像。」

美國人道協會的職權只涵蓋美國演員工會轄下的製作，獨立電影和外國電影則不在此限。遵守協會的規範雖然可能所費不貲，但大多數製作人都希望片末能出現那一行「沒有動物受到傷害」的聲明，也希望在美國人道協會網站上有良好評鑑，因為該網站每月有近五十萬人次瀏覽。

索尼影業代理西班牙名導阿莫多瓦（Pedro Almodóva）的電影《悄悄告訴她》（*Talk to Her*），於美國上映前請人道協會評閱，雖然他們心裡有底，這部電影八成拿不到「沒有動物受到傷害」的聲明，因為片中出現了真實的鬥牛場景。但這次情況特殊，那段鬥牛場景是「紀實影片」——換言之，影片是在西班牙鬥牛學校的畢業典禮上拍攝的，而非為了拍電影特意安排一場鬥牛。但是，有動物受到傷害是不爭的事實，片中出現的鬥牛是真的，而且最後死了。「我們最後給了『可疑』的評級。」羅莎說。「其他我們真的也沒轍。」

＊　＊　＊

影視製作組每年經費只有一百五十萬美元，這些錢以往來自補助和捐款。從一九九一年起，單位的所有資金均來自美國演員工會，工會的錢則仰賴所有加入工會的導演與製作人。意思是，人道協會監督的是自己的金主，有時還得逼迫金主支出他們不怎麼想花的錢。如果電影需要在某個場景用到蟲子，拍完就把蟲子扔掉，那麼幾乎花不了幾個錢；但若要依照人道協會規範在片場給予蟲子適當的照顧，每天可能得花上數千美元。好幾名代表都說遇過製作人氣得咆哮，罵他們知不知道這些防護措施有多麼燒錢。對於這些矛盾，羅莎一語帶過：「產業本該支持我們。」她說，「他們財力雄厚，我們沒有。不應該要我們去競爭公家補助金，補助金是要用於結紮和收容計畫的。」預算拮据之外，影視製作組需監督的製作數量又逐年成長，有線電視、線上串流、獨立電影擴張後更是如此。

以前，如果有海外製作的電影需要監督，美國人道協會會轉包業務給當地的人道組織。舉個例子，一九九九年於南非拍攝的溫馨家庭片《火線神駒》（*Running Free*），就由約翰尼斯堡動物反虐待聯盟（Animal Anti-Cruelty League）負責監督。反虐待聯盟應當確保動物能受到善待，但最後卻回報有四匹馬於拍攝途中死亡，且劇組使用電擊項圈來控制動物。人道協會後來給這部電影的評級是「據信可接受」，比「可接受」低一階。

部分因為《火線神駒》所發生的事，如今，影視製作組只用協會訓練的片場代表，他們派遣這些代表前往世界各地的拍攝地點，在澳洲和英格蘭也有駐地員工。羅莎希望日後還能增加非洲和歐洲代表。「我們得跟上腳步，」她說。「這是眾所注目的工作，會為各界設立標準。我們必須時時跟上最新的資訊。像現在，我就在關注魚類嘴唇能否感覺疼痛的科學新知。因為我們向來假設魚感覺不到痛，所以允許拍攝釣魚場景可以使用無倒鉤的魚鉤，但要是研究發現魚其實是會痛的，我們就得告訴大家，以後魚鉤上不能有真魚，到時產業裡肯定很多人要氣死了。」

＊＊＊

監督《我的狗腿很厲害II：歐洲盃》（*Soccer Dog: European Cup*）這樣的電影，對影視製作組而言是相對輕鬆的任務。電影裡沒有蛇被擠奶（美國人道協會守則不允許）；沒有雞被裝在籠裡疊放在一起，迫使雞只能把屎拉在彼此身上（不允許）；沒有六匹馬被栓在砲火前方，沒有蛛形綱動物被強迫永遠改變身體特徵；也不會有猿猴在尚未習慣之前，就被要求在電子動物或身穿小丑裝的人旁邊表演（以上全都禁止）。不會像電影《遠離家園》（*Far and Away*）費時三週布置場景，就為了讓一個鏡頭拍到上千隻馬，也不像《輕聲細語》（*The Horse Whisperer*）有極難拍攝的馬的場景，讓影視製作組代表與製作人商議了一整年才終於開拍。《我的狗腿很厲害》（*Soccer Dog*）的續集《我的狗腿很厲害II：歐洲盃》是一部軟調家庭電影，且如片場代表所稱「動作戲溫和」，最多只有讓主角狗用鼻子頂球而已。狗兒需要的防護措施相對便宜很多，也比較不繁瑣，不會像蒼蠅或蛆等等，拍完每個鏡頭都必須清點一次數量。

受派監督這部電影的是奈妲・班克（Netta Bank），這位穆帕克學程的畢業生加入人道協會已有十二年。奈妲身形嬌小苗條，黑髮剪得極短。她住在加州西米瓦利，養了一隻鸚鵡和五條狗，其中四條狗都是退休演員（有一隻演過《愛在心裡口難開》〔*As Good as it Gets*〕）。但她其實比較喜歡猴子。她在校專攻的動物是綿羊、鸚鵡、狒狒和豬尾獼猴。她上過遊戲節目《誰真誰假》（*To Tell the Truth*）當參賽者，在節目中假扮她所崇拜的紅毛猩猩專家碧露蒂・高蒂卡絲（Birut Galdikas）。「跟猩猩有關的工作，他們第一個就想到我。」奈妲開心地說，她負責監督過數十部電影，有的有猩猩，有的沒有。她身上隨時帶著一份按字母順序排列的名單，開頭是《抓狂管訓班》（*Anger Management*），末尾有《危機四伏》（*What Lies Beneath*）、《荒漠之虎》（*Wild Bill*）和《狼人生死戀》（*Wolf*）。

這一天是《我的狗腿很厲害Ⅱ》第四個拍攝日。我們來到洛杉磯郊外帕洛斯佛迪市的一所小學操場，這整個城鎮在電影中被用來充當一座蘇格蘭小鎮。開車抵達拍攝現場後，奈妲在動物訓練師的拖車附近找了一片綠蔭草地，張開遮陽傘，擺開折疊導演椅，開始填寫人道協會的表格文件。協會要求他們一一陳述動物在每個場景裡做的事、如何誘使動物做到、現場做了哪些安全防護措施。

另一位片場代表艾德・利許（Ed Lish）路過來探班。他剛到《化外國度》片場確認完馬兒強尼的狀況，現在正要回家。艾德是影視製作組代表兼人道協會的內部人員，所以身上穿著卡其制服，別著協會的標誌。他從小在愛達荷州的農場長大，喜歡與馬一起工作。「我討厭有猩猩猴子的工作，」艾德說，「牠們瘋狂尖叫，沒在管你的。狗還不錯，但我遇過最慘的一次，就是監督雪橇電影《決戰冰河》（*Iron Will*）。你有沒有被雪橇狗包圍過？要命，我從來沒見過這麼愛打架的狗。」

幸好，《我的狗腿很厲害II》的兩位狗主角都很崇尚和平。飾演主角的混種狗叫奇普，有一雙好奇有神的綠眼睛。另一隻容易緊張的凱恩㹴犬叫厄尼，飾演片中的反派。狗兒的主人兼訓練師羅傑・舒馬赫（Roger Schmacher）與人道協會合作過無數電影，包括《鬼靈精》（*The Grinch*）、《安妮》（*Annie*）、《綠巨人浩克》（*The Hulk*）、《班吉：奔向自由》（*Benji: Off the Leash*）、《追殺比爾》（*Kill Bill*）和影集《反恐特警組》（*S. W. A. T.*）。羅傑這輩子一直身在好萊塢動物世界，他的父親是動物訓練師，羅傑也從一九七二年當起專業犬隻訓練師。他用於電影裡的幾乎都是自己養的動物。他有一座狗舍，收養了二十五隻狗，包括奇普在內，大多都是從動物收容所救回來的。羅傑參與了《我的狗腿很厲害》第一集的拍攝，後來向製作人推薦續集可以找奇普來演。

照理來說，製作人如果先聘訓練師再找動物，就像先聘經紀人和演戲教練才聘演員一樣不合理，但在動物演員業界，這樣反而才合邏輯。試鏡選角時，製作人有時候會交由訓練師選擇動物。但也有時候，製作人的要求細緻到很難實現，聽起來簡直像是笑話的梗。有一位訓練師告訴我，最近有個製作人請他找會踩跑步機的長毛臘腸狗。「我超級懊惱的啊！」那位訓練師說。「我有一隻會踩跑步機的傑克羅素㹴犬！但製作人堅持要一隻長毛臘腸犬。我能怎麼辦？」訓練師假如沒有製作人想要的動物，有時會和其他訓練師交換。

這個星期稍早，我和一個投身好萊塢動物產業的人閒聊，他參與的一部電影需要鴿子，但他的專長是靈長類動物，於是他向一位專長鳥類的同行借用鴿子。他說後來雙方都受惠，因為幾星期後，又換成養鳥人需要向他借幾隻狒狒。

我們抵達《我的狗腿很厲害Ⅱ》的片場時，奇普正在為下一場戲做準備。他必須走上斜坡，推開一間流動廁所的門，站在門口往內看，確定壞蛋不在裡面之後才踏進去，這時廁所門會在他背後轟然關上。奈妲檢查了流動廁所和斜坡道，確定設備對奇普安全無虞後，寫了幾行註記就坐回椅子裡。羅傑帶著奇普排演了一遍，接著告訴導演，他們準備好了。

第一遍開拍，奇普太快就走上斜坡——羅傑告訴我，這個習慣是奇普做為演員最大的障礙。第二遍也沒拍好，因為門被一陣風吹得左右搖晃，沒有轟然關上。導演也在這時意識到，攝影機拍攝奇普的角度稍嫌有礙觀瞻。「我們調整一下位置。」導演指著奇普的尾巴，對攝影指導說。「拜託你了，有沒有辦法讓鏡頭看起來不要這麼像在拍屁眼？」

第三遍拍攝，奇普輕輕推開了門便停下腳步，好像真的在思索著該不該進去，然後才踏進去。門在他背後急速關上。「非常好。」導演大聲稱許。「演得很棒，奇普。」

等待下一個場景布置時，羅傑走來和奈妲閒聊。他牽著一條胖嘟嘟的黃色拉不拉多犬，是他為導演詹姆斯・布魯克斯（James Brooks）即將開拍的電影《真情快譯通》（*Spanglish*）訓練的狗狗。不像奇普在《鬼靈精》和《安妮》跑過龍套，也不像厄尼在《喬治・羅培茲喜劇秀》（*George Lopez*）有長期演出的角色，這隻拉不拉多犬不是專業演員，而是向私人飼主商借來的。羅傑不大喜歡這種安排，但導演希望狗狗的長相天真憨傻，他能找到的只有這條拉不拉多犬。

「奈妲，記得要寫我會揍狗。」羅傑笑說。

「那還用說，羅傑。」奈妲回答。「我正在寫你的事故報告。」

胖胖的拉不拉多犬打了個飽嗝。「走吧。」羅傑對狗狗說。他說他還得教狗倒退著走路，他打算趁劇組還在搬運器材布置下個場景的空檔，先開始進行訓練。厄尼在羅傑卡車上的木箱裡休息，奇普在一旁和羅傑的女兒玩。奇普平常是帶棕色花斑的白狗，但為了電影染成了金毛。他是個毛蓬蓬的嬌小生物，生著一張泰迪熊臉，四肢修長，耳尖向內折，像小小的紙飛機。

此時忽然跑來一個臨時演員，伸手就抱住奇普。

奈妲立刻跳起來，大聲喝止：「不要動那隻狗。」

「我是專業按摩師。」那個女人說。「我只是想幫他按摩一下。」

「不要動那隻狗。」奈妲又說了一遍。「他在工作。」

「他應該知道我是按摩師。」女人一臉洩氣。

「可能吧。」奈妲說。「但是他在工作。」

7 威利在哪裡？

我在冰島當時天氣惡劣極了，雖然在絕大多數人看來，冰島的天氣一直都很惡劣，風不會呼呼地吹，也不會咻咻地吹，只要一吹就幾乎要把房子給掀翻。

現在是八月初，一如既往的風狂雨強，但夏天的太陽偶爾會露個臉，間歇泉噴出藍色蒸氣和滾燙的水，冰河發出吱嘎悶哼將數萬噸的泥沙往海洋推進個幾公分。海面上海鸚群聚逐浪，寄居蟹群聚逐浪，一艘駛在克萊茨維克峽灣（Kletsvik Bay）的渡輪上，肚子圓鼓鼓裝滿鮭魚乾和溫啤酒的年輕人不失禮貌地往暈船桶嘔吐。

這些年輕人正要去韋斯特曼群島（Westman Islands）參加一年一度的音樂祭兼啤酒節，這個由一串火山噴發所形成的小島位於冰島本島的南岸外海。航程中，他們用冰島語聊著冰島事，例如誰有沒有記得帶開瓶器和紮染頭巾。每當船隨著冰冷的大浪上下晃蕩，他們就會臉色發青，說話聲戛然而止。

船行約兩個小時後，浪漸漸平緩，船緩緩駛入赫馬港

（Heimaey Harbor），港口被古老岩漿構成的峭壁環繞，山壁像瑞士乳酪一樣布滿了孔洞。數十艘拖網漁船和單桅帆船在繫泊處載浮載沉，輕輕推擠著碼頭，發出的金屬敲擊聲保證使人感到孤獨。

我們的船從一個小灣口旁駛過，灣口前方浮著長串的白色浮標，將一片水域特別標示出來。幾個嚼著口香糖、眼神渙散的年輕人從座位上起身，湊向舷窗往外看。

「在那裡！惠子！」一個女孩指著浮標興奮吶喊。

「什麼？」另一個女孩看著朋友手指的方向，咕噥問道。「惠子是誰？」

「就是威利呀！威鯨闖天關！」

「哦，鯨魚惠子！」另一個女孩聽了也湊向窗邊，扯著同伴的袖子，瞪大眼睛望著那片空無一物的小水灣。水面平滑如鏡，禿裸的岩壁若隱若現。「哇！真的是惠子！」

＊　＊　＊

當然，鯨魚並不在那裡。惠子在七月初就隨著其他鯨魚離開冰島了。當時，鯨魚群逗留在韋斯特曼群島附近享用仲夏盛宴，惠子隨著人類照護員出海去看那些鯨魚，牠們雖然不見得是他的親族，不過是他的同類。惠子以前也見過野生鯨魚——他自己原本就是，但在圈養中度過了二十年後，兩年前才又被重新介紹給野生鯨魚認識。第一次他只在遠處害羞地觀察到訪的鯨魚群，第二次才壯起膽子稍微靠近些，但每次他都會游回引導他到開放水域的船邊，跟著船回到他在港灣的獨立圈欄，也就是年輕女孩在船上看到的用浮標圍起的灣口。在那裡，跨國組成的人類團隊會替他按摩鯨鰭、搔刮舌頭，然後整理新聞稿，細述他每一次的海上經歷。

但七月這一次，惠子比以往都更大膽地接近鯨魚群，而且大出眾人意料，他沒有再游回船邊，反而跟隨著野生鯨群游經勞斯海岸（Lousy Bank），通過法羅群島一路游向——說真的，誰知道呢？鯨魚自有計畫。事實就是，鯨魚走走停停，你無從得知牠們去過哪裡，除非你碰巧曾把鯨魚捕撈上岸，在背鰭上鑽孔裝上無線電追蹤器，而只有狂熱分子才會以為在鯨魚的背鰭上鑽孔很容易。每年夏天到訪冰島的那群鯨魚——也就是惠子決定跟著一起行動的鯨魚群——身上沒有追蹤器，所以沒人確定牠們七月底後去了哪裡。

但惠子是全世界最受矚目的鯨魚。「惠子」是個日文名，意思是「幸運兒」。他身上除了有衛星追蹤器，還有超高頻發信器。有三個非營利組織歸於他的名下，更有數百萬計的熱心民眾盼望見到這頭事業有成、馳名遠近，但大半輩子都活得像大型寵物的明星鯨魚回歸野外。惠子自立以後，每天都有衛星追蹤他的定位並轉播到網路上，同時，位於韋斯特曼群島的威鯨／惠子基金會也會把位址標示到辦公室張貼的大洋圖上。鉛筆做的X字記號整齊地連成一排，記錄下他在海洋中移動的弧線。

吾人對惠子的了解如下：物種學名*Orcinus orca*，俗稱虎鯨或殺人鯨。虎鯨是海豚科最大的成員，可重達四千五百公斤，大嘴巴，大牙齒，大胃口。與人一樣，虎鯨想殺什麼、想吃什麼，幾乎都辨得到。鯡魚、鮭魚或鱈魚是常見的食物選擇，但也有些虎鯨偏愛吃海獅、海象和他種鯨魚。有項虎鯨著名的行徑，是將一頭成年小鬚鯨乾淨俐落地剝掉皮、咬掉背鰭，然後只吃舌頭，有人推斷這是一種只圖享樂的故意浪費，不然就是阿茲特克文明處女獻祭傳統的再現。

虎鯨好像沒有吃人的興趣，至今只有三個人遭到圈養中的虎鯨殺害，其中兩件命案的兇手是同一頭虎鯨——「冰島海洋世界」（SeaWorld）遊樂園的虎鯨提利昆（Tillikum）。他將受害者拖入水底淹死，但之後並未吃掉他們。

地球上每一片海洋都有虎鯨的蹤影，虎鯨相對較少受到捕鯨活動的傷害，因為沒有煉取鯨油的價值（虎鯨的脂肪比抹香鯨少二十倍），肉也比不上小鬚鯨的肉柔軟味濃。虎鯨極度聰明又能接受調教，而且長得英挺帥氣，全身黑白撞色配上灰黑鞍紋，單論外貌就比很多鯨魚迷人。如果換作大白鯨那樣的龐然大物，無疑就帶著一種超驗的恐怖感、蒼白空洞的鬼魅感，彷彿是個詭異駭人的異兆。但虎鯨受到的最大威脅也出自於此，牠有著殘酷殺手的名聲，卻又能在人類教導下做些愚蠢的把戲，這種適於展演的價值讓虎鯨終究難逃厄運。

* * *

一九六四年，溫哥華海生館委託藝術家為園區雕塑一尊活體大小的虎鯨雕像。為求精確呈現，海生館聘請漁業公司獵殺一頭虎鯨回來當範本。漁業公司用叉槍射中了一頭虎鯨，但牠挺過傷勢活了下來，於是海生館決定化失敗為轉機，直接展示活體鯨魚，取代製作雕像。

溫哥華海生館員工替這頭鯨魚取名莫比朵兒（Moby Doll）。她是史上第一頭被圈養的虎鯨，在海生館只活了八十七天，但已足夠讓觀察員體認到她有多聰明。在莫比朵兒遭遇不幸後，全世界陸續有超過一百三十頭虎鯨為了展演而遭到捕捉，很多都來自冰島周圍的海域。直到一九八九年，冰島才終止一切捕鯨活動。現在要取得展演用虎鯨比以前困難很多，目前全球各地的海生館和遊樂園尚有約五十頭虎鯨，物以稀為貴之下，每頭身價起碼有一百萬美元起跳。

＊　＊　＊

惠子的發跡很卑微。他出生在冰島附近，時間大概是一九七七或七八年。一九七九年遭人類捕捉時，他還只是一頭幼鯨。圈養的頭幾年，惠子住在雷克雅維克市郊一間水族館，這間水族館經營得愁雲慘霧，主要靠捕捉虎鯨再賣給其他水族館賺錢維持營運。一九八二年，雷克雅維克的水族館把惠子賣給加拿大安大略省尼加拉瓜瀑布城的一座遊樂園。但惠子在這裡無處容身，園內其他比較年長的鯨魚無情地欺凌他，園方設法協助他與其他鯨魚和平相處，但嘗試了三年後宣告放棄，又將惠子賣給了墨西哥市的遊樂園「冒險王國」（Reino Aventura）。

冒險王國的養鯨設施對虎鯨來說範圍太小、水深太淺，水溫也太高，而且沒有其他的鯨魚作伴。惠子一蹶不振，體能嚴重惡化，肌肉張力弱得像濕軟的麵條，水下閉氣也只剩下區區的三分鐘。他不停啃咬池畔的水泥，牙齒幾乎磨損殆盡，一整天無事可做，只是空虛地繞著小圈子打轉，無精打采的狀況讓不少人認為這是早夭的預兆。時日久了，他連背鰭也軟趴趴地下垂，這不是病，只是讓他看起來格外地哀傷。但入園的遊客無視這種種問題，依然十分喜愛他，他也看似很喜歡小孩和相機，經常表現出高興受到注目的樣子。

* * *

除了一九七七年狄諾・德勞倫提斯（Dino De Laurentiis）監製的災難電影《殺人鯨》（*Orca*），好萊塢對鯨豚電影顯然興趣缺缺。有鑑於相關主題的空缺，編劇沃克（Keith Walker）寫下一部劇本，敘述一個住在修道院的啞巴孤兒男孩，與遊樂園內的一頭鯨魚結為好友。在沃克的原著劇本中，男孩從頭沉默到尾，直到將鯨魚野放回大海才忽然放聲大喊：「威利自由了！」沃克把劇本交給電影製作人李察・唐納（Richard Donner）。李察支持環保也喜愛動物，他喜歡這部劇本的用心，於是推薦同為製作人的妻子蘿倫・舒勒・唐納（Lauren Shuler Donner）與她的事業夥伴珍妮・盧・圖根（Jennie Lew Tugend）將劇本發展成電影。不過，兩人覺得原著太純真無瑕了，她們修改劇本，將男孩的角色設定成不良少年，而鯨魚性格暴躁、不滿於現況，遊樂園經營人則是一毛不拔的壞蛋，但將片尾野放鯨魚後高呼「威利自由了！」的高潮戲保留了下來。

華納影業核准企劃後，圖根和舒勒開始試鏡選角，希望從全世界的虎鯨中物色到能飾演威利的人選。全美國二十三頭虎鯨中有二十一頭屬於冰島的海洋世界，該公司高層讀到劇本中傳達了釋放鯨魚的訊息之後簡直嚇壞了，他們回覆製作人說，他們的虎鯨不適合出現在電影裡。舒勒和圖根只好往更遠的地方尋找，最後在墨西哥的冒險王國找到了惠子，由他參與電影拍攝絕對合適。她們也看到冒險王國老舊毀壞的設施正好符合電影中虛構的破爛設施，此外，園方似乎也不在意讓自家的鯨魚和遊樂園出現在一部支持野放、反對圈養的電影裡。

《威鯨闖天關》的拍攝預算僅有兩千萬美元，演員多半沒沒無聞。飾演主角的是童星傑森．詹姆斯．瑞特（Jason James Richter），當時才十二歲——只比惠子小幾歲，誰也沒料到電影會大獲成功，更沒想到觀眾會獲得怎樣的啟發。不過舒勒．唐納確有預感電影映後可能會引起餘波，因為有一名觀眾在看完試映後塞給她十美元，跟她說：「你拿去，用這些錢救救鯨魚。」

《威鯨闖天關》甫上映就吸引了龐大的觀眾，在兒童之間尤其轟動，小朋友嚷著想一看再看、二刷三刷（以此回答了電影的文案：「為了朋友，你願意付出多少？」）電影最後票房總收入高達一億五千四百萬美元，片末附上一段訊息，請有興趣拯救鯨魚的朋友撥打電話1-800-4-WHALES，聯絡環保團體「地球島嶼協會」（Earth Island Institute）。結果連環湧入的電話之多讓所有相關人士，包括華納影業高層、電影製作人、地球島嶼協會的人，全都瞠目結舌。不光是來電數量之多令人意外，他們也沒預料到很多來電民眾指名想問的，是電影中飾演威利的鯨魚之後會怎麼樣。

「我們沒想到民眾真的把惠子當成人，對他表達關心。」地球島嶼協會的大衛．菲利浦（David

Phillips）說。「在此之前，他只是個電影道具。當然了，每個參與電影的工作人員都愛惠子。演員也愛上了惠子，凡待過他身邊的人，都會染上惠子熱。」

雖然因電影出了名，但惠子回到墨西哥冒險王國破陋的小水池之後依舊形容憔悴。遊樂園業主不想放棄他，但他們也承認惠子的健康狀態很差，甚至可能垂垂危矣。他比以前更無精打采，而且感染了真的病毒——乳突病毒（papillomavirus）在他的腋窩周圍引起類似青春痘的發炎紅腫。業主不是沒替惠子找過家，他們曾開價詢問海洋世界是否有意收購，但海洋世界可不想要一頭長了瘤突的虎鯨。然而，如今有了電影光環加持，人人都想要他。麥可．傑克遜派代表到墨西哥，希望將惠子納入私人收藏，各個保育團體想將他送至不同的海生館，科學家也想帶他到鱈角灣做研究。

大衛．菲利浦獲得電影製作人的支持成立了「威鯨／惠子基金會」，目標是協助惠子重新適應自然環境，有朝一日野放回歸大海。冒險王國的業主後來捨其他提案而選擇了基金會，同意免費把惠子交給基金會，但基金會必須自行支付運費。話說，搬運鯨魚的開銷可觀，雖然有一百多萬人為此捐款，但這些靠基金會義賣餅乾和小朋友打破撲滿募得的錢，金額往往有限。因此，即使UPS快遞願意負擔惠子從墨西哥搭機離開的費用，但還是得有人來負擔運輸貨櫃的費用和其他旅行開支，這些加起來起碼要二十萬美元。

為此，舒勒．唐納拖著好幾大袋信函找上了華納影業高層。每一封信都想知道威利最後有沒有真的獲得自由，如果沒有，華納影業打算怎麼做。最後，華納影業終於採取行動，捐出一百萬美元給威鯨／惠子基金會；美國人道協會（Humane Society of the United Society）另捐了一百萬；電信業大亨克雷格・麥考（Craig McCaw）以克雷格與蘇珊・麥考基金會（Craig and Susan McCaw Foundation）名義也捐了一百萬美元。「克雷格不算是動物愛好者。」麥考基金會發言人拉特利夫（Bob Ratliffe）告訴我。「他贊同環境保護，對維持海洋生態健康有興趣——長話短說吧，克雷格捐了一百萬。之後又捐出一百五十萬元，在俄勒岡州為惠子建造養鯨池。他本來沒打算這麼投入，但他好像真的對惠子產生了感情，他曾和惠子一起游泳，還實際騎上鯨魚的背——總之，他最後投入非常多。」

* * *

一九九六年一月，惠子被載上UPS貨運卡車離開的那一天，墨西哥的孩子哭得很傷心。誰能怪他們？冒險王國以前能讓小朋友在惠子的池邊舉辦慶生派對，但現在惠子要千里北行前往俄勒岡海岸水族館（Oregon Coast Aquarium）。記錄惠子鯨生新章的一部紀錄片訪問了冒險王國的訓練員，他們在片中聊到惠子的離開，神情近乎歇斯底里，嚷著惠子不只是一頭鯨魚，也不只是工作，更是他們最親近的朋友。載運惠子前往機場搭乘C-130力士型運輸機的卡車，在警車護送下莊嚴慎重地一路前進，簡直像是教宗坐駕，直到黎明時分，兩旁仍有十萬多人夾道揮手道別。

惠子的新家位於俄勒岡州紐波特，抵達這座灰濛蕭條的濱海城鎮時，路旁迎來更多的群眾和更多的眼淚——威利就快自由了！威鯨／惠子基金會在這裡興建了一座造價七百三十萬美元、嶄新氣派的大水槽，聘請六名專員負責照顧他、訓練他適應廣大開闊的世界。

俄勒岡州各地瞬間爆發了惠子熱，地方新聞按鐘點報導惠子的來到，電視團隊架設攝影機記錄惠子的生活。俄勒岡州的各大報紙紛紛在版面上增印惠子專欄，並教民眾用廣告傳單摺出鯨魚帽。

「惠子抵達那天，熱鬧得像跨年夜。」俄勒岡海岸水族館資深哺乳動物學者利特溫（Ken Lytwyn）受訪時語氣有些惆悵，「我照顧過海豚和海獅，甚至照顧過別的殺人鯨，但惠子他……不一樣。他真的有靈性。」

照各項標準來看，惠子在紐波特算是過得很好，皮膚清理乾淨，體重增加了九百多公斤，還從幼兒時期以來第一次嘗到了活魚。他有玩具可玩，有電視供他看卡通。照顧員發現惠子的個性比起虎鯨，更像拉不拉多犬，開朗、親人、喜歡被稱讚——假如你人在池裡，他會游過來看你在做什麼，還會特別注意別一不小心撞死你——惠子就是這樣的殺人鯨。原本經營慘澹的水族館參觀人數忽然飆上新高，有這麼多的遊客需要吃喝、買紀念品、住旅館、加油，周邊各行各業也跟著興旺起來。

* * *

惠子如果能永遠待在紐波特，難道不是好事？他這時已經二十一歲，是一頭斑駁的中年處子虎鯨了，過的也是圈養環境所能提供的最理想生活。但這個計畫從頭到尾都是要釋放威利，即使以前並沒有野放圈養虎鯨的前例。要讓圈養動物重新適應野外，從來都是個高風險計畫，何況，說到適合野放的模範候選人，惠子簡直沾不上邊：他被拘禁了這麼久，早習慣與人類接觸，空有殺手之名但實際上更像個親善大使，很難想像他會恢復天性做出虎鯨的自然行為，例如在海象身上咬出個大洞，或揮動強壯駭人的尾巴把鮭魚群打成肉泥。

＊　＊　＊

惠子什麼時候才會往自由邁出一步？體能條件設立了，判斷基準也定下了，他的健康先要達標才能談自由。他吃不吃活魚？能游多遠的距離？在水下憋氣多久？即使有這些基準引導討論，頭腦正常的人還是可能不贊成，這些人甚至提起了訴訟，就像俄勒岡海岸水族館在一九九七年所做的事。惠子的脂肪再厚，都是他們的金主乾爹，水族館愛他如痴，不惜對威鯨／惠子基金會提告，以阻撓基金會把惠子移置冰島。

爭議是這樣的：原本基金會打算將惠子送往冰島，讓他在真正的海洋裡游泳，或者應該說，在赫馬港的開放水域圍場裡先行適應。但水族館卻主張惠子還沒準備好離開。基金會則這麼主張：一、惠子百分百準備好了。二、他是基金會的財產，不是水族館的財產。雙方的關係從僵化演變成劍拔弩張。

一九九七年十月初，水族館董事會成員要求對惠子的健康狀態做一次獨立評估，幾天後，俄勒岡州獸醫醫學檢查委員會（Oregon Veterinary Medical Examination）宣布將介入調查惠子的照顧狀況與其監護安排的合法性。同時，基金會陣營也討論是否要退讓一步，將惠子移置俄勒岡州德普灣的圍場就好。

終於，藍絲帶委員會的專家成立小組前往檢查惠子的健康狀態，目的是確認惠子是否有望復歸野外，結果令俄勒岡海岸水族館大失所望，委員會宣布以專家意見來看，惠子已經準備好、也有能力出發了，可以想見，水族館每年百萬遊客的盛況很快就要畫下句點。

即使委員會已經正式宣布，仍有懷疑者認為野放惠子的努力注定會失敗，這些懷疑的人有些好巧不巧就是海洋世界的員工，隨著《威鯨闖天關》的影響發酵，他們經常在第一線受到抗議，要求釋放這頭虎鯨。海洋世界的代表團發出警告，要是被放逐到漆黑、冰冷、悲慘的冰島，可憐的鯨魚會生出凍瘡，然而他們卻絕口不提惠子就是在冰島出生的，而虎鯨群也活躍於冰島周圍的海域。

如果說，海洋世界的說詞明顯只是想找個理由蒙混，那麼就連愛鯨人士——具體來說是支持野放的人——雖然強烈希望惠子獲得自由，心中卻也存有疑慮。他們認為，惠子已經被養壞了，現在才教牠野生鯨魚的習性，恐怕為時已晚。惠子反覆表現出喜歡冷凍魚勝過鮮魚，令人擔心他在魚缸裡生活了二十年，早已徹底毀壞了味覺。最激進的反圈養陣營中甚至流傳著陰謀論，認為海洋世界其實就是野放威利行動的幕後推手。陰謀論主張，海洋世界就是知道惠子野放會失敗，才刻意去支持野放行動，因為一旦野放失敗，這些倡議就會像是不智之舉，乃至不人道，從而給世界各地的遊樂園和動物園一個有力的理由，抵抗這股逐漸高漲的自由解放情緒。

阻礙送惠子回到祖居處的，不光只有懷疑論。想想這點：在冰島漁民眼中，鯨魚可是討人厭的饕餮——巨大肥胖的魚形吸塵器，張口就吸走數以噸計的商業海鮮物種。冰島政府曾向國際捕鯨委員會（International Whaling Commission）請准重新開放有管制的捕鯨，冰島也才剛迎接十四年來第一批挪威進口的鯨魚肉。

現在，想像你是地球島嶼協會的大衛・菲利浦，你不只代表一位電信業億萬富翁，還代表了美國人道協會和海洋未來學會（Ocean Futures Scoiety），這是海洋探險家庫斯托（Jean-Michel Cousteau）創辦的環境保護團體，你必須接洽冰島政府各個部門，請求他們允許在港邊建造一座百萬美元的圍場，又要調度船隊、直升機、飛機，以及一班科學家、獸醫和動物訓練師；可以說千辛萬苦培育一隻惠子，又名威利，最後將他放回大海，只是成為一頭美味可食的鯨魚。

甚至，這些作為也沒有冰冷的鈔票能帶來安慰，以抵銷在冰島海域避風港飼養一頭鯨魚所造成的尷尬，何況還是一頭這麼嬌養的鯨魚。因為惠子在冰島並不會開放展示，沒有拜訪惠子的冰島航空機加酒觀光套裝行程，沒有飯店收益，沒有入場門票，沒有收費拍照。屆時惠子會住在港灣裡的特大圍場，不搭船到不了，而且唯一允許的訪客只有照養員，因為往後他得慢慢戒除與人接觸的習慣，準備未來與血親同胞一同生活。

「漁業部反對最烈，」菲利浦告訴我。「惠子的這項計畫悖反了他們所努力的一切。冰島的鯨魚保育意識不高，但對來自美國的一切倒是敵意強烈。所以我們也開始尋覓其他地點，包括愛爾蘭和英格蘭。但冰島水域是惠子的故鄉，真的是最適合他的地方。努力克服一長串的歧見以後，我們總算獲得許可。」

＊＊＊

所以，惠子要從俄勒岡州前往冰島了。這個計畫需要支付另一趟航班（飛往冰島三十七萬美元），建造另一座圍場（一百萬美元），徵召新的一組人員，並提供裝備及薪水。估計冰島計畫年支出約三百萬美元，而萬一惠子始終沒學會自立謀生，基金會就必須再照顧他三十年以上（虎鯨的自然壽命），預計花費九千萬美元。「這整個計畫漸漸變了調。需要動用飛機、直升機、大型船隻，所費不貲。」麥考基金會的巴布．拉特利夫說。但他也說，麥考夫婦對惠子許過承諾，而且他們真的有心想協助實現一件大家都不看好的事業。

惠子搭乘空軍C-17戰略運輸機的航班預訂好了。好幾加侖的尿布疹舒緩屁屁膏也採買到了，用來在長程飛行期間維持鯨魚皮膚的濕潤。十五位照養人員徵召到位。一九九八年九月，一切準備就緒，民眾再度揮淚道別。從虎鯨抵達紐波特那天起，惠子熱就不斷延燒不曾稍減，先後又有兩部《威鯨闖天關》電影推出——《威鯨闖天關II：冒險啟程》（*Free Willy 2: The Adventure Home*）

和《威鯨闖天關Ⅲ：救援行動》（*Free Willy 3: The Rescue*）。這兩部續集雖然不是由真實的威利演出，而是用電腦增強野生鯨魚影像結合電子動畫模組，但仍進一步帶動了大眾對鯨魚的喜愛和關注。

「我到水槽邊跟他說了再見，也祝福他好運。」俄勒岡海岸水族館的哺乳動物學者利特溫回憶，「我很希望野放成功，但因為惠子的個性、因為惠子是這樣的動物，我不認為能成功。聽他們說惠子要走了，我真的很傷心，但這也不是我能決定的。」

＊＊＊

噢，忘了說說韋斯特曼群島！那麼原始，那麼崎嶇，不久前才剛從地球的皮層撕扯下來！這個地表最年輕的陸塊甚至可能就是韋斯特曼島最南端、名為敘爾特塞島（Surtsey）的小岩堆，它在惠子誕生的十三年前才噴發到海平面以上。近至一九七三年，赫馬島正中央還有火山噴發，為島嶼增加了兩成的陸地面積。群島居民為了討生活，除了捕魚就是捕魚，捕魚之外還是捕魚，少數人則為小而穩定的觀光產業服務。韋斯特曼群島上的廣告標語，除了意義不明的「韋斯特曼群島，北方的卡布里島」，也有比較能理解的「千萬海鸚，不會有錯」。

在韋斯特曼群島，不論到哪裡都能看見幾十隻黑白配色、矮胖滑稽的海鸚，或在熔岩凝固的地表岩層築巢，或在峭壁上蹣跚行走，或像小石子噗通一聲躍入海中。每到八月，海鸚寶寶離巢進行海上首航，卻經常被人類文明的燈火吸引而墜機在鎮上，雖有引發航空災難之虞，但這場奇特生物的魔幻秀在當地大受歡迎，被稱為「海鸚之夜」（pysjunaetur）。孩童和遊客每年夏天都引頸期盼，同時備妥紙箱隨時準備展開營救。被救起的海鸚寶寶天亮後就會被放回海邊，而成年海鸚則成為韋斯特曼群島上的佳餚，能火烤、煙燻或切成薄片，像義大利薄切生牛肉一樣享用。

惠子於一九九八年九月抵達冰島，雖然還不至於無人聞問，但除非開車到港灣對岸突出的岩礁上，用基金會裝設的望遠鏡觀望，否則看不到他的身影。畢竟沒有多少當地人因此獲得工作機會，也沒有惠子的周邊商品——印有虎鯨獨特黑白臉孔的玻璃杯、圍裙和茶壺套——在紀念品商店架上供人搶購。惠子此次受到的迎接漸漸成為他一生最典型的場景：數百名媒體授權代表將他團團包圍。當然，現場還是有幾十名興高采烈的學童，他們很多人第一次看《威鯨闖天關》都是因為冰島一間熱狗公司的促銷活動，每買一組六支裝法蘭克福熱狗，就送一卷電影錄影帶。

惠子野放計畫移至冰島執行並不容易，這裡三天兩頭颳起風暴——蠻荒、蒼茫、恍如世界末日的風暴。大風呼嘯，浪捲滔天，波浪堅實得像是抹了髮油。惠子抵達才兩星期，就有劇烈的暴風襲擊赫馬島！圍場的網子原本用鐵鍊固定，不過，就連每條重逾兩百公斤、被員工戲稱為「大屁股鐵鍊」也在暴風中應聲斷裂，必須重新建造並下錨固定。惠子生活的灣口風景壯麗，但這裡所有維修和照護工作都得倚賴船上作業，因為環繞灣口的陸地全是熔岩凝固形成的陡峭岩壁。熔岩表面長著一層野草，當地農民夏天會用渡船載綿羊過來，任羊群夏季在此吃草。基金會人員同意船隻載運綿羊往來的時候，他們會限制惠子的行動，因為誰也無法保證一頭殺人鯨會不會忽然想嘗嘗羊肉的滋味。

往後三年間，惠子的照護員換過一批又一批，因為無論再怎麼為鯨魚痴狂，冰島的生活都太孤單、也太寒冷了。之後又逢股市重挫。照理來說，這和鯨魚沒有多大關係，但克雷格・麥考的公司Nextel通訊的股價從每股八十多美元的高點跌至約十美元，麥考沒有哭窮，但多少有些焦慮，更何況，他的關注焦點已轉移到其他事業上，包括一些陸地上的保育行動，以及與曼德拉合作的世界和平倡議。二〇〇一年底，有消息傳出，麥考基金會每年為惠子包銷三百萬美元的贊助很快就會終止。

＊　＊　＊

說來實在諷刺——不過，惠子這一生中發生的哪件事不諷刺？——資金枯竭的時機偏偏是計畫正要開始實踐目標的時候。二〇〇二年夏天，惠子開始在專人監督下「走出」圍場游入海洋，被引導著進入開放水域，只要惠子想停下，船就會配合他原地停下。

剛開始看到野生鯨群時，惠子會做出浮窺動作，仔細觀察對方，但每次一定會乖乖游回船邊，隨著人員一起回家。第二年，他看到野生鯨群時會跟上去玩耍一段距離，而且不只一次在船緩緩駛離時，還在野生鯨群附近逗留了好一會兒。

但與此同時，計畫預算也從每年三百萬裁減到六十萬美元，麥考提供的直升機連同飛行員一併被解雇。威鯨／惠子基金會原本在赫馬島上有多間繽紛可愛的辦公室，現在也合併至濱海區一個灰褐單調、由舊雜貨店改裝成的空間（有個大冰櫃可以儲放惠子的鯡魚，倒是很方便）。

惠子在開放水域的練習雖然漸有進展，但始終沒有無可置喙的證據說明他真的想永遠離開他的小海灣。冬天野生鯨群離開後，他每天都待在圍場裡，依舊是以往那個馴良的夥伴，隨時能把他濕漉Q彈的大頭擱在人的腿上。即使他現在認識了野外環境，卻依然不脫小寶寶個性，總比你心目中虎鯨的樣子又秀氣了點。

有一次，訓練師指示惠子從灣底取一樣東西上來，什麼都可以。他們以為他會帶回大石頭之類的東西，沒想到他取回一根細小的海鸚羽毛。不一會兒，牠不小心把羽毛給弄掉了，還再次潛下水底把同一根羽毛撈上來。又有一次，同樣是做取物練習，他帶上來一隻小寄居蟹。只見寄居蟹無憂無慮地上下穿梭在長長一排牙齒間，好像毫不在意身處一頭殺人鯨的嘴裡。如果有海鷗偷他的食物，惠子會生氣，但通常也只會張嘴抓住海鷗甩晃個幾下，嚇嚇牠們，之後就吐出來了。

＊　＊　＊

但惠子難道真的只是個大寶寶嗎？不少人懷疑惠子會不會其實是被遏止了成長。「我擔心的是那些訓練師，」大衛．菲利浦說，「不知道是誰更依賴誰？」惠子給了訓練師工作，惠子自由後，這些工作也會連帶消失，但是除此之外，還有情感上的依附。例如有一位訓練師，皮夾裡沒放自己孩子的照片，反而放了惠子的照片。

但若惠子沒有離開——應該說，假如惠子沒有加入鯨群，學會狩獵覓食，放棄好萊塢退休明星的舒適生活——那就非得要有新的資金來源贊助才行。當初捐助惠子計畫的人，如今知道自己的錢不是用來幫助一隻美麗的哺乳動物躍向自由，而是用於支付一頭上了年紀的鯨魚每日的養老開銷，不管是誰，還會願意掏錢嗎？

＊＊＊

豈料，就在二〇〇二年七月七日，惠子說走就走了。是日上午，訓練師率領惠子來到敘特塞島附近的海域，有幾群虎鯨在那裡圍獵了一批鯡魚。惠子游向鯨群，這次沒有再回頭，就連船駛離之後也沒回來。幾天過去，他依然和鯨群一起在外遊蕩。人員乘船出海去確認他的狀況，看見他適應良好，便又趁他不注意悄悄回來了。

更多天過去，時序進入了盛夏，太陽高掛天空直至午夜將近，冰層傾軋融化。綿羊渾身長滿了厚重的羊毛，好像一顆雪球長出了四隻腳。羊群把岩壁上的青草啃食到露出岩面，峭壁環繞的小海灣如今空空如也。七月底，狂風暴雨強襲赫馬島，一連數天海象都太過惡劣，無法派船出海確認惠子的狀況。惠子的無線電標仍舊透過衛星傳回座標，但無從判斷他是跟隨野生鯨群過得健康快活，還是迷失了方向，獨自漂泊掙扎。

我登上赫馬島時，惠子已離開近一個月了。抵達當天上午，我前往基金會辦公室，那段時間正好是衛星回傳無線電標訊號的三小時窗口。基金會辦公室位於港口對岸，偌大的空間裡擺著到處蒐羅來造型各異的桌子、船艇雜誌、惡劣天候裝備，還有一張一條麵包的大照片，那是一名基金會人員用赫馬島火山口的餘熱所烤出來的麵包。十來個人進進出出：烏加特（Fernando Ugarte）是墨西哥學者，在挪威研究殺人鯨取得碩士學位；范倫汀（John Valentine）是美國鯨豚訓練顧問，從泰國居住處前來；貝德（Colin Baird）是加拿大人，赫馬島辦公室目前的營運負責人；帕克斯（Michael Parks）是海上作業協調員，來自奧克拉荷馬州，但住在阿拉斯加；另外還有一位丹麥籍鯨魚學者、一名愛爾蘭水手，以及三名冰島本地員工，有個人還是肌肉發達的前冰島健美先生。「海洋未來學會」的執行副總裁文尼克（Charles Vinick），也從巴黎辦公室飛來查看，協助判斷惠子去哪裡了。「美國人道協會」的海洋哺乳動物學者羅斯（Naomi Rose）也剛抵達冰島，原本計畫出海檢查惠子的體能狀態。

「看樣子，這段時間他一直和野生鯨群待在一起。」文尼克說，「我聽了只覺得，哇歐！」

麥可．帕克斯忙著把衛星資訊繪製到一張海圖上。「他今天往南去了。」他說，「天啊，他在這裡。」他指著敘特塞島東南方，超出海圖好幾公分的一個點。

「他還在做決定。想怎麼做，操之於他。」文尼克說，「他有可能會永遠離開。」其他人也湊過去看航海圖。惠子似乎一天行進六十到七十英里，現在距離已經太遠，就算派出速度最快的工作船也追不上了。他們決定派三個人駕帆船往惠子的移動方向去找，這代表他們會脫離一般無線電的收訊範圍，無法接收衛星更新座標。不過，有一名員工知道雷克雅維克有家公司可以租借長距離衛星電話，他請對方從雷克雅維克空運一部到赫馬島來——萬一起霧，就用渡船運送。島上經常會起霧，迫使機場暫時關閉，到時另一組人馬會攜帶衛星電話上帆船。

此外，文尼克還想雇用一架私人飛機從空中監測，可惜這兩天沒有可用的飛機。等帆船組員找到惠子——應該說，假如能找到的話——惠子如果和其他鯨魚為伴，看上去也有進食，他們就會任由他去；如果惠子看起來痛苦、消沉或飢餓，他們就會用餌料將他引回圍場。好不容易一切安排就緒，大家已經面有疲色，彷彿剛才策畫的是一場武裝進攻行動。

我們搭船到港灣去檢查圍場。工具棚所在的甲板上躺著一隻死海鸚，大概是被風暴給吹上岸的。工具棚內有人貼了張表格，列出可以教導惠子的新行為，包括「擺動胸鰭游泳」、「水下吹泡泡」和「一口吞掉吉姆」。原定一班潛水員會來清除圍網上的海草以備過冬，現在看來似乎多此一舉了，畢竟惠子很可能不會再回來了。

不管怎麼說，今天都是個好日子。美國人道協會剛宣布將接手管理及資助這項計畫，克雷格·麥考的前妻溫蒂也表示會捐出四十萬美元用於照顧惠子。午後霧氣稍散，飛機順利載著租借的衛星電話抵達了赫馬島。正當我們忙著把裝備搬上工作船，一名臉色陰鬱、身穿男裝外套和紅色高筒橡膠鞋的的女性居民，從碼頭邊對我們大喊：「我的惠子怎麼樣了？我們的明星還沒回來嗎？」

* * *

我是有點失望吧。誰不想親眼一睹黑白相間的美麗虎鯨？誰不希望有機會替他刮刮舌頭、凝望那雙大如黑李的眼睛，試著在海灣圍場輪流騎坐在他背上？我在冰島看見的鯨魚總共就只有兩尾座頭鯨，牠們潛下工作船底幾公尺處，如同仕女揮舞手中花扇一般，高高地揚起尾巴。

後來我們才知道，惠子當時已經游得很遠了。他游到了挪威，向海邊野餐的家庭討東西吃，在斯卡維克峽灣（Skålvik Fjord）玩耍嬉戲。多諷刺的選擇！全球唯一允許商業捕鯨的國家就是挪威。挪威人對鯨魚沒有多餘的情懷，甚至在惠子逗留期間，卑爾根海洋研究中心（Bergen's Institute of Marine Research）也有人員主張，是時候停止這股狂熱，讓惠子安樂死吧！但據報導，在斯卡維克峽灣趴在他背上游泳、餵他吃魚的小朋友都覺得惠子很可愛，正如每個認識惠子的人會給出的同樣說法。惠子陪他們玩了一天一夜，彷彿是全世界最幸運的鯨魚，而後，大海這片巨大的裹屍布又開始滾滾流逝，五千年來別無不同。

8 卡波納羅與普利馬維拉

有一件事永遠不會改變：卡波納羅（Carbonaro）一定會在右側。再過五年、十年，甚至二十年，只要一切順利如常，卡波納羅還是會繼續在右，普利馬維拉（Primavera）在左，哥兒倆一起頂著牛軛，在古巴西恩非哥斯（Cienfuegos）市郊的丘陵間，拖著細犁緩緩翻遍肥沃的田野。

牛就是這樣。只要習慣了就死活不改，學到一種方式就會固執到底。搭檔勞動的一對耕牛，就算卸下挽具讓農人牽著去喝水，或是到青草地上啃草，兩頭牛還是會照著習慣位置左右並排。不然雙方會互相槓上，就算沒鬥起來，也會停在原地不動，除非秩序獲得恢復，兩牛各就其位，否則死也不肯前進。

卡波納羅和普利馬維拉不是天生一對。二十年前，普利馬維拉原本是和另一頭名叫栗子的公牛搭檔訓練，之後並肩工作了二十年。但栗子是個貪吃鬼，某天闖進草料倉庫裡大吃特吃，結果吃出病來，最後心滿意足地死於無藥可救的腸絞痛。這對農人可是龐大的損失，一頭牛要價好幾千披索，而且直到兩足歲前都必須悉心照顧，到實際可用於勞務之前，至少還得訓練一年。萬一失去一對牛裡的某一隻，更是令人頭痛，因為你找來的新搭檔不只性情或力氣，都得和家裡那頭牛相匹配；最重要的是，你找到的牛習慣的左右站位，也要剛好符合空缺才行。普利馬維拉只願意站在左側工作，只有習慣站右的搭檔才適合他。所以，能找到卡波納羅算是非常幸運：卡波納羅習慣在右，體型大小也相當，只是他到現在還有點懼怕普利馬維拉，老是會故意落後他一小步。

＊＊＊

長久以來，想到古巴風景，似乎也一定會聯想到牛。這些體型龐大、筋肉發達的動物，從一團肌肉上冒出了脖子，巨大的頭顱往鼻尖逐漸縮窄，形成茶壺狀的吻部。外形樸實無華卻四肢纖細，腳步輕巧，與身軀不成比例，常常只有細如鞭子的牛尾巴有一拍沒一拍地揮打著跳音般的節奏，其餘部位則動也不動，一副處變不驚的模樣。以前古巴的每一戶農家都養著一對耕牛。

但後來，便宜的蘇聯石油進口至古巴，化學肥料緊隨而來，然後影響最大的是，曳引機也跟著來了。從一九六〇到七〇年代，蘇聯運至古巴的曳引機數量甚至比實際需要的農人還多。所以有時候，就算農業部函請農民合作社宣布又有更多的曳引機到港，對大家來說也無啥特別，甚至誰也懶得再去港口將那些機具載回來。在那段曳引機氾濫的年代，幾乎沒有人還想養牛，因為比起一對耕牛，有了重型曳引機後，農夫每天收割田地的速度能快上五到六倍。更何況，曳引機看起來現代多了，操作也簡單多了，而動物畢竟是血肉之軀，要協力合作之前，總有許許多多複雜的鬥爭得先排解。農耕從畜力到機械的運用，轉變得極為徹底，此後幾乎再沒見到有人養牛或訓練牛。然而，即使意外獲得了這麼多曳引機，誰也不曾想到有一天，牛還能時來運轉，從落伍的古物堆中翻身。

＊＊＊

即使在曳引機隨處可見的年代，胡貝托．奎薩達（Humberto Quesada）下田還是喜歡用普利馬維拉和栗子——當然還有後來的卡波納羅。胡貝托是獨來獨往慣了的人，他的祖父是痲州一戶人家的奴隸，被主人帶來古巴在七萬多畝的甘蔗園工作。胡貝托的父親也是甘蔗園的奴隸，胡貝托從小跟在他身邊下田，學習長大後同樣得做的事，那就是在甘蔗園當個好奴隸。但奎薩達一家雖然身為奴隸，卻未甘於命運，很敢於特立獨行。胡貝托的姊姊拉蒙娜個兒嬌小，一頭玉米鬚捲髮，笑容羞澀。她嫁給了甘蔗園那條路上一戶白人農家的兒子，這在當時可是天大的醜聞，卻造就了一段五十年不輟的幸福婚姻，也成為兩家人交流感情的中心。

胡貝托也同樣走出了自己的路。卡斯楚革命將他從奴隸的命運解放出來，之後他當上一名貨車司機，但閒暇時仍不忘務農。不同於以往的是，革命後他耕種的是自己的地。這塊地是舊甘蔗園的一小部分，擁有土地也是他自由的關鍵。「土地是一切的根基。」他告訴我。「有了土地，你永遠有個依靠。」公家鼓勵他加入農民合作社，但他和古巴許多農人一樣選擇自食己力，原因是：「團體裡少不了有懶惰的人，所以我不喜歡待在團體裡。」他堅守自己的一畝地，政府只要動歪腦筋想拿走他的地，哪怕只是一點點，他都會積極抵抗。像政府最近想在他的土地上建衛生所，但是聽說自己平常愛吃的美味甘藷就是胡貝托的農場種出來的之後，負責撥款的官員一改主意，主張不可縮減胡貝托的土地，反而應該**增加**才對。

＊＊＊

胡貝托偶爾會租一部曳引機來田裡整地，但一年也就一兩次，他並不是特別偏好這種作法：「曳引機壓得太重了，犁過的地都扁扁的，跟個古巴三明治一樣。」就算周遭人人都用曳引機和化肥，作物也只種甘蔗，胡貝托還是與眾不同。他按照父親教他的方法，用天然肥料施肥。他也不單種甘蔗，還種植了番茄、玉米、萵苣、豆子，以及香甜可口的甘藷。他照舊用牛犁田，並誇獎牛的天性勤奮可靠，幾乎不會搗爛自己蹄下的土地。

蘇聯的金援終止後，行駛在古巴土地上的曳引機戰隊也在惶惶不安中停止了運轉。汽油稀缺之下，農機毫無用武之地。因此，牛——古老而落伍的牛——一夕之間再度價比黃金。那些始終沒有放棄、照舊養著一對可用耕牛的農夫，頓時成了幸運之人，在蘇聯解體後的困頓時局裡，還是可以犁田種地。更幸運的是，那些始終維持多樣化栽作的農夫，他們的田裡有玉米有番茄，並沒有為了看似永遠淹滿腳踝的錢而一個勁兒地種甘蔗，因為糖價如今也開始崩跌。

只有這種時候，像胡貝托這樣的人才不顯得老派。如今高齡八十的胡貝托枯瘦乾癟，腳有點跛，卻是古巴新一代農民需要學習的對象：小規模、高效率、作物多樣化、有機栽培。最重要的是，不論古巴的石油經濟如何起伏，他都不會遭受損失。古巴的石油經濟過去完全仰仗蘇聯的善意，蘇聯解體後雖有委內瑞拉慷慨紓困，但新的靠山並不穩定。今日古巴進口石油多數來自委內瑞拉，因為卡斯楚（Fidel Castro）與委內瑞拉總統查維茲（Hugo Chávez）關係良好，所以長年來油價特別優惠。但二〇〇二年四月，查維茲政權險遭政變推翻，後來雖然重新維穩，但委內瑞拉政府隨即宣布暫停輸出石油至古巴，古巴境內油價頓時飆漲兩成。此時不養牛，更待何時。

* * *

前些日子，胡貝托一早去姊姊家打過招呼，她和兒女一大家子住在舊甘蔗園界內的另一塊地上。那天陽光明媚，和風舒暢。拉蒙娜的小農舍外，兩隻雞四處啄土，一窩小豬仔繞著乾草堆追逐嬉戲。農舍古舊樸素，但打掃得很乾淨，散發出一種歷久不移的氣氛，彷彿這二十年、三十年，乃至於五十年來，這裡與周圍的景物都不曾改變。

當然了，鄉間**確實**改變不大，天氣恆常更易，農人煩惱陽光和水源，惦念著種子會不會萌芽、蛋能不能孵化……這些永遠不會改變。古巴全國長年有一種即將發生的氣氛，一種未來正在此刻開展的感覺，但即便如此，鄉間始終保有一種恆定不變的節奏。胡貝托近來覺得自己很富有。他說他認識的人裡，每個都瘋了似地想找牛，但除非以物易物或向政府申請，否則現今很難買到；至於那些還懂得訓練耕牛的人，還能因此領到津貼。想當初在曳引機盛行的時代，別人都笑這項技能太古板咧！說到這些他笑瞇了眼，一邊比手畫腳演繹那些絕望的人如何到處瘋狂求購一對訓練過的耕牛。

＊＊＊

遲早有一天，曳引機一定會再度發動。不論在西恩非哥斯外圍的丘陵、哈瓦那郊外的田野，還是卡馬圭市（Camagüey）、千里達鎮、古巴聖地牙哥市（Santiago de Cuba）的牧草地，耕田犁地的都將是比最有效率的耕牛還要更快的機械。到時，耕牛勢必再度失去身價，變成文物，淪為古玩。但此刻正是耕牛的黃金年代，正如同此刻也是胡貝托的人生巔峰：緩慢、睿智、堅毅，在這個年代獲得報償。

與我聊了好一陣子，胡貝托起身沿著門前的車道走向穀倉，幾分鐘後牽了兩頭牛出來。牛一左一右並肩而行。胡貝托走進院子，在靠近農舍的地方喝令牛停下，自己站在牛的身旁，一手輕輕搭在普利馬維拉的頸子上。牛兒動了動蹄子，整理好步伐後，雙雙斜望著農舍、望著雞禽。拉蒙娜家門口張掛的布簾在微風中鼓動波紋，胡貝托戴的草帽被向後推開了點，在他臉上投下光影。他俯身湊近老牛灰黑溫熱的肩膀，咧嘴微笑。

9 栩栩如生

二〇〇三年的「世界動物標本剝製錦標賽」（World Taxidermy Championships）一開賽，頭顱就一個接一個滾進門內。有狐狸，有麋鹿，有冷凍乾燥的野火雞；有綠頭鴨、北美野牛、灰狼；有鼬鼠、白枕鵲鴨、大山貓、寒鴉；魚有大的，有小的，也有背脊如刀鋒的野豬。鹿是一群群的送來，滿滿裝了好幾車、好幾個貨板：幾十隻白尾鹿和獐鹿；有半隻的，有整隻的，有殘缺不全的，或是打著噴嚏、打著呵欠、怒目瞪視、愜意斜躺；或是嚼著蘋果、啃著樹葉。眼珠的數量要從百萬起跳，幾大箱幾大碗的眼珠子，有的小如扁豆，有的大如雞蛋。

另外還有動物假體，臉部空洞，狀甚憂傷，沒有耳朵，也沒有眼睛，而且頂上光禿；包括幽靈般的灰羚羊、鬼魅的松貂、黑色腹部的樹鴨，彷彿都來自異界。整間展廳裡擺滿了設備，所有工具皆是為了起死回生：替灰熊換個鼻子，為河狸裝上假牙，魚鰭用乳霜、鑄模用黏土、裝飾用指甲。

錦標賽於四月在伊利諾州春田市的皇冠假日飯店（Crowne Plaza Hotel）舉辦，這裡是一個陳設優雅舒適的地方，看起來比較適合舉辦地區業務會議或婚禮彩排晚宴，而不是在走廊上堆滿填塞棉花的狼頭，大廳裡人來人往喊著：「小心！野牛要過去了！」千位動物標本剝製師此刻群聚在春田市，準備將自己最得意的作品交付評審，同時可以參加多場研討會，主題有「為飛翔的水禽固定底座」、「白尾鹿——大師之作！」和「巧用製革削肉機」。

飯店大廳在服務櫃檯對面規劃了理容區，標本師各個彎腰趴伏在動物身上，拿著手電筒仔細檢查如淚腺和鼻孔等問題部位，或揮舞著牙刷清理浮毛。人群四處兜轉，許多標本師自上一屆同樣辦在春田市的錦標賽結束後，兩年來沒再見過面，現在逮到機會與同行打招呼，聊起行內的話題：

「用丙酮揉擦松鼠尾巴，尾巴能馬上恢復蓬鬆。」

「我是覺得，要把舌頭做好真的很難。」

「真正要參加競賽的作品，腳趾頭很重要。我覺得汽車快乾填充膠效果很好，強力超能膠也不錯。」

「我認識一個養牛的人，我跟他說：你要是有死產的小牛，我真心想要。我覺得拿來當成底座應該很好。」

＊　＊　＊

居然還真的有「世界動物標本剝製錦標賽」？單這回事就令人備感驚奇了，而且不光是全世界不懂怎麼用鼻紋滾印筒（Dan-D-Noser）和柔觸鴨毛除油劑（Soft Touch Duck Degreaser）的人吃驚，就連標本師自己也難以置信。有很長一段時間，標本師習慣保持低調。動物標本剝製術，是一種將動物立體保存以供永久展示的技術，約莫十八世紀就已存在，不過，是維多利亞時代的人首度把動物標本帶入了公眾視野。當時的人渴望擁有異國旅行的紀念物，尤其是任何能象徵荒野的東西——例如茶桌上玻璃皿內的袖珍雨林，或是門廊邊立於底座上的羚羊。最初的標本剝製師很多都是傢俱裝飾商，他們把狩獵戰利品的獸皮鞣製成革，然後塞入碎布棉花讓皮革鼓起來，恢復原來的形狀和大小。這些早期的動物標本造型簡單、肢體僵直，臉部一律看不出表情。

動物標本剝製從歐洲傳至美國後，在當地也盛行起來。一八八二年，美國動物標本剝製師學會（Society of American Taxidermists）成立，每年定期召開會議，出版學術報告，特別關注為博物館展覽製備動物。動物標本剝製因為有保存野生動物且便於觀察研究之用，所以仍被尊為一項可敬的事業，但多數民眾看了依然覺得不大自在。當然了，這不單是處理死屍的生意，還伴隨著把死物重塑出活物的樣貌這種可疑的行徑。雖說具有科學價值，但動物標本經常被視作一種黑色藝術，幾乎是巫術和巫毒的旗下事業。

到了二十世紀上半葉，著名的動物標本剝製師如埃克利（Carl E. Akeley）、霍納迪（William Temple Hornaday）、普雷（Leon Pray）精進了製作技術，開始重視標本的藝術美感。但標本剝製技術愈精良，標本看來就愈發令人不安。比起以前填塞得凹凸結塊的麋鹿頭，因為毫無美感而看起來就像假的，如今一座座飛撲的大山貓，製作得如此逼真且完美，見者無不感到畏怯。

往後數十年間，動物標本剝製一直存在於邊緣，偶爾能聽說某地有從業者，多半也都憑自學，而且通常都靠口耳相傳才為人所知。直至一九六〇年代末，某種轉變才開始發生：動物標本產業漸漸顯得乾淨清潔，沒有以前恐怖——又或者，在那個混亂、病態的年代，大眾文化又忽然欣賞起展示標本動物這個同樣混亂、病態的產業。這是對浮誇的資產階級維多利亞時代以及自然與人工微妙並置的再詮釋，這種不失諷刺的詮釋在六〇年代全面復興——哪個嬉皮聚居點沒擺上一隻填充貓頭鷹，或繫著垂墜絲巾的麋鹿頭？動物標本剝製又一次在公眾目光下找到一席之地。供應商調製出新的溶劑和更好的鞣革藥劑，設計出拉展獸皮使用的輕量化動物假體，生產了現代配方的樹脂和黏土。

以前，如果有志想當動物標本師，只能盼望拜師學藝，或透過寥寥可數的幾個通信課程自學。而今，標本剝製學校相繼設立。一九七一年，「全國動物標本剝製師協會」（National Taxidermist Association）成立（舊學會早已解散）。一九七四年，業界雜誌《動物標本評論》（*Taxidermy Review*）開始贊助全國的賽事，在會場，大多數的標本師第一次有機會認識彼此、分享建議，討論如何把舌頭黏進下顎，如何準確測量松鼠的屍體。

＊　＊　＊

動物標本競賽讓標本師有機會比拚技術，看看業界誰能雕塑出最逼真的麋鹿體腔隔膜，誰又能最完美捕捉到潛行的郊狼臉上的神韻。動物標本剝製技術，攸關你能多麼靈巧地替動物剝皮，再於假體上拉撐獸皮，最後縫製固定。一流標本師通常會自行雕塑自己使用的假體，不然就得購買現成的聚氨酯海綿假體，再配合假體修縫毛皮。至於無法保存的身體部位（耳朵、眼睛、鼻子、嘴唇、舌頭）可以向商店購買，也可以手工製作。標本成品看起來多漂亮——或者應該說，看起來多逼真，取決於標本師願意花多少心思研究參考素材（照片、繪畫、活體動物），從內而外、從頭到腳認識一種動物。

要成為一流的標本師，從縫紉、雕塑、彩繪到美髮，你都必須精通，最重要的是，你少不了要有點動物學狂熱。你不能不愛動物——喜歡觀察牠們、替他們拍照、狩獵牠們、測量牠們，在動物死後替牠們灌鑄熟石膏模，之後當你需要黏耳朵或嘴唇，如果一來，當想確定哪個角度或形狀才對時，才有範本可以參考。

有的標本師會飼養自己最常製作標本的動物，這樣哪天一時想不起來鹿舔鼻子長什麼樣子，隨時走進後院就能觀察的到。這點日漸重要，因為現代標本剝製強調動物標本的表情要有趣，不再像過去那樣總是做成一副錯愕的樣子。標本師對動物的愛，似乎不太區分到底愛的是活著還是死後的牠們。「我愛鹿，」白尾鹿組一位冠軍得主告訴我，「牠們是我的寶貝。」

現在，動物標本剝製是個很大的產業，年產值估計有五億七千萬美元，由全國各地的小經營者組成，他們所製作的標本除了供應給博物館、室內裝潢業者，最大客群是全美國一千三百多萬名業餘休閒獵人，他們三不五時會想把狩獵的戰利品保存並展示出來，不惜掏出兩百美元剝製一隻雉雞，甚至甘願花費上千美元剝製一頭灰熊。各州和各地區全年都有動物標本競賽，世界錦標賽則是每兩年一屆。美國目前有兩本動物標本雜誌，動物標本剝製學校約二十多所，主題論壇Taxidermy.net網站上，每日訪客人次達三千人，標本師可以在此交流資訊或交易商品，氣氛就和毛線編織論壇一樣熱絡又融洽：

「急需多對冷凍山羊腿!! 謝謝！——提姆」

「嗨，提姆！我每個月有三百組山羊腿，綿羊腿多達一千組。到froxencritters.com私訊電子信箱給我……或者撥通電話給我，我們可以討論你的需求。」

「我有一隻很漂亮的小浣熊，整隻完整冷凍。我都忘記牠還在冰箱了。沒有仔細量，但我猜大約三十公分——很可愛的小傢伙，能做出很漂亮的標本。」

「野豬皮可以洗淨以後冷凍嗎？——巴布」

「巴布，只要抹上鹽巴就不用擔心！」

「誰能好心教教我，火雞的腿和足趾該怎麼保存才好？謝啦!! ——布萊恩」

「布萊恩，我都在鳥腿裡注射保存膠……試試吧！」

＊＊＊

理容區對於冠軍寶座議論紛紛，都說今年最大的對手會是克里斯．克魯格（Chris Krueger）做的幾隻神情開心的水獺，繞著一隻豹蛙不停轉圈游泳。當週稍早在Taxidermy.net論壇的一則貼文更宣稱：「克魯茲．克魯格做的標本每個細節都很猛!!」這個年代，動物剝製標本要能被稱讚很猛，不僅要栩栩如生，也得兼具藝術美感。今日很多標本師會嫌棄某些展品是「將魚插在棍子上」，以前能做到這樣就很夠了，但現在一名認真的參賽者會考量到流動感、負空間和原創性等藝術問題。

今年另一名呼聲極高的競爭者是肯恩．沃克（Ken Walker）的大熊貓，牠的標本再現精準之餘兼具了藝術美感，同時還有驚奇的成分。乍看之下百分之百是熊貓沒錯，但可想而知，你不可能真的去野外射殺一頭熊貓回來，所以每個人都非常好奇，沃克到底是怎麼做的。開展當天，沃克在理容區忙著在熊貓的後掌後方黏上竹子，身旁圍繞了一大群人。沃克的正職是史密森尼學會的動物標本剝製專員，他頂著一頭亂髮，很愛和人聊天，手上始終忙個不停。我有天看到他手裡捏著一團黏土在等研討會開始，他看起來也沒多專心，結果大概不到三十秒，黏土已經被他捏成水貂似的小動物。

「熊貓其實不難。」他對周圍的人群說。「我只用了兩頭黑熊，其中一頭漂白。我記得我用的是克萊若牌基礎漂白劑。之後再把兩片毛皮縫合在一起，做出熊貓的花斑。」他拿出一把歐樂B牙刷，刷蓬熊貓臉上的毛髮。然後補充說：「兩年前的世界錦標賽，有一個人帶了絕種的拉布拉多鴨來。我又驚訝又欽佩，心想，絕種的鴨子欸！誰比得贏他？後來我就想到這個主意。」沃克覺得他的熊貓只會拿到創意分數。「你可以靠完美的松鼠標本拿到九十八分高分，但那永遠只是一隻松鼠。」他說，「我的意思是，我打定主意要用熊貓參賽。」

「阿肯，腳趾甲你是怎麼做的？」有人問他。

「我留下黑熊的腳趾甲。」他指著熊貓的腳掌。「看起來滿真的。」

另一個路過的人停下來稱讚熊貓。他懷裡揣著一個理容工具包，裡面裝了白膠、棕色和黑色的顏料、小工具組一盒、整髮慕斯一瓶，「我有次獵到一頭金毛熊，」路人對沃克說。「九十公斤重的大母熊。毛色金得可以。吁，做出來的標本可漂亮了。」

「我相信。」沃克說完後退一步，上下打量他的熊貓。「我喜歡重現這些瀕危或滅絕的動物，因為只有透過標本，任何人才有可能擁有牠們。兩年前我做過一隻劍齒虎。那時我向動物園取得一頭老母獅，然後將牠的毛色漂淡。」

沃克的熊貓報名的是仿真重現（哺乳動物）組。整場錦標賽分成幾十組，組別之下又有小組，分類之下還有細分。從定義得超級具體（「白尾鹿長毛組」、「血盆大口組」），到幾乎無所不包（「世界頂尖組」）的各種類型，各組優勝者將平分兩萬五千美元的總獎金。（甚至有一個次次次分類是「魚類雕刻」，完全未使用天然魚類部位，而是利用樹脂和木頭雕刻魚形再彩繪顏色。）

幾乎所有參賽者都是專業人士，他們一旦有機會就會公開展售自己的得獎作品。舉例來說，你從標本商品型錄上可不一定只能隨機訂購到某個野豬眼珠安裝參考頭，你有機會訂購諾基斯特牌（Noonkester）由波恩・強森（Bones Johnson）手工雕刻的 #NRB-ERH頭，型錄上會註明，這是二〇〇〇年全國動物標本剝製師協會頒發的獸首組冠軍。

＊＊＊

眾位標本師無不認真地看待這場競賽。我在春田市的這幾天，聽到許多人聊天內容都是在探討一些艱澀的主題，諸如猯豬拱鼻嗥叫時，鼻子究竟會擠出幾條皺紋，或是野鹿用哪幾顆臼齒來嚼橡實，嚼葉子又是用哪幾顆。這些話題之所以重要，是因為標本師的終極目標，是要讓動物看起來活像是不曾死去，彷彿牠還正在做著尋常動物會做的事，仍舊扯著樹叢間的漿果，或是慵懶打著盹兒。有天上午，我和評審一起走走看看，聽到評審之間的討論簡直細如猶太教法典，他們討論到這頭美洲野牛標本的眼睫毛是不是太繁複了？那隻跳羚的鼻孔會不會太寬？這邊這一隻水獺的鬍鬚是不是擺放得太過刻意？

「真的有時候會無法自拔。」某日下午，展廳裡一名標本師向我解釋。評審很快就會對他的組別展開評分，他拿了一把雞毛撢子，搶在最後一刻替他的參賽作品撢灰塵。那是一頭山貓，半身懸空站在冰柱覆蓋的岩石上。「當你專注在做一件作品，你會忘記吃飯、忘記喝水，就連睡覺都能忘記。你會半夜突然醒來，跑去工作坊繼續幹活。你的整個人都陷在裡面。你會希望作品完美。你會努力讓這東西重新活過來。」

我稱讚他的山貓很漂亮，連冰柱看起來也像極了真的。「我自己做的。」他的語氣甚是自豪。「用透明壓克力馬桶吸把的把手。我當時在逛五金商行，上帝好心賜給我靈感。其實也不難，我只是拆下把手，放進烤箱用四百度加熱。」他用手指敲敲冰柱，補了一句：「我老婆看了很擔心，但我可沒忘記墊一張防沾黏烘焙紙。」

＊＊＊

所以，什麼樣的人會想當動物標本剝製師？「我當了十五年的肉品分切員。」來自肯塔基州的一名標本師告訴我。「在我整個工作生涯，從來沒人會跟我說：嘿，你切給我的牛排很漂亮。反觀現在，一天到晚有人誇獎我做得很好。」史蒂夫・費契納（Steve Faechner）是寫實動物標本剝製學院（Academy of Realistic Taxidermy）的校長兼董事長，該校位於蒙大拿州哈沃。費契納剝製動物標本始於一九八九年，在此之前他做了多年的鐵路工。「我受了工傷，開始考慮改行。剛好我有個朋友在做動物標本，我告訴自己，人生不該歹活。結果一做就到現在啦。」

賴瑞・布隆奎斯特（Larry Blomquist）是世界動物標本剝製錦標賽和賽事贊助商《突破》雜誌

（*Breakthrough*）的經營人，他在創業之前當過三年的學校教師。業界也有不少女性標本師（今年很熱門的研討會就是其中一人開授的，講題是「哺乳動物標本剝製的困難部位」），此外，青少年標本師也漸漸嶄露頭角，十四歲以下的兒少參賽者現在有自己的分級賽事。

開展當晚，我和三名標本師共進晚餐。他們各自從肯塔基州、密西根州、馬里蘭州開車來到春田市。三人都結婚了，而且都說太太每次發現家中的冰箱冰了太多羚羊屍骸，總會忍不住抱怨。他們都是全職的動物標本師，最常接到的工作都是當地獵人委託製作鹿的標本，但偶爾也會接到非洲狩獵回來的遊客委託製作草原動物標本。我在席間提到，以前我從沒想過有人可以靠剝製標本維生，他們聽了都哈哈大笑，家住肯塔基州的那個人告訴我，他住的地方只是個小鎮，但光是他家同一條路上，就有另外兩位全職標本師也幹這一行。

「今年什麼最熱門？」家住密西根州的那位詢問另外兩人。

「不知道，我猜是眼珠子又有新花樣吧。」家住馬里蘭州的那人回答。「眼珠最常看到有大突破。還記得上屆錦標賽吧，不是有那些俄羅斯製的眼珠？」他指的是玻璃動物眼珠內嵌了一層反光塗料，所以只要一照光，眼珠子也會把光反射回來，有點像真實動物眼睛會有的效果。他們三人討論了一會兒俄羅斯製眼珠，順勢又聊到最近還推出新的魚眼珠，是將真實魚眼照片轉印到塑膠膜片上。我們剛好在一間運動主題餐廳用餐，周圍約有一百部電視環繞，分別播放數十場不同的體育賽事，但這三個大男人只顧著沒完沒了地討論業內話題，一次也沒看向電視。我們四人都點了燒烤肋排，餐後服務生來收走盤子之前，他們三個一直撥弄著盤裡的肋骨。

「你們看這個。」肯塔基州人舉起一根肋骨說，「你們把這些帶回家，可以做一具骷髏。」

＊＊＊

研討會上，氣氛和稅法座談會一樣嚴肅且嚴格。「不要小看鬍鬚，」講師邊說，邊用嚴厲的目光瞪了聽眾一眼。「我拔出來以後，每一根都會編號。請千萬記住，鬍鬚有分左側的和右側的。你們要想拿到優勝獎，就一定不能忘記鬍鬚。」臺下人人都抄下了筆記。

下一間演講廳：「各位請記住，屍體是你們的成敗關鍵。冰進冷凍庫，是你保存屍體最好的辦法。先把頭部冷凍，再澆鑄石膏模。維持頭部完美會對你有很大的幫助。」休息時間，臺下聽眾打趣地聊到他們曾經在一場地方賽事看到一件上衣，衣服上印著「PETA」四個大寫字母，但近看會發現，那不是「善待動物組織」（People for the Ethical Treatment of Animals）的縮寫，善待動物組織是所有獵人的災星，連帶也波及了所有動物標本師。不，那四個字母展開以後是「人人愛吃美味動物」（People Eating Tasty Animals）。四座紛紛傳來竊笑，過了一陣子才恢復嚴肅，開始探討如何為飛翔的水禽固定底座。「各位，聽從鳥兒告訴你的事。仔細研究牠。好好做功課。等你搞定以後，梳鬆頭部的羽毛，搖晃一下確定沒問題，再開始安裝眼珠。現在市面上有很多好的眼珠。不要偷懶，多跑幾家商店，你一定能做出漂亮的標本。」

戶外冷風颼颼，還起了霧。停車場裡販售鹿角的小販縮著脖子，看起來冷得苦哈哈。春田市除了商場，還有奧利佛．帕克斯博物館（Oliver P. Parks Telephone Museum）和林肯的墓，但這座城市的謙和魅力，此刻敵不過飯店內種種怪異又奇妙的景象。單單只是等電梯也比平常在皇冠假日飯店等電梯刺激百倍——你不知道電梯門一打開，會看到一個人扛著一頭麋鹿、一隻叢林豬，還是一頭美洲獅。這整場商展與瘋狂帽客的午茶宴會有幾分相像，到處可見動物的身體部位，也有剝製動物的設備，有從屍體上刨除肉塊的器材，也有洗淨毛皮上血漬的工具——完全是一場超現實的狂歡派對，但所有人事物又都傳達出一般商展的真誠熱忱和生意人的精神。熊鼻子一桶一桶裝著等待出售在這裡是稀鬆平常的事，不會有人大驚小怪，也不會有人嘖嘖稱奇。

「看看哦，漂亮的合成毛！我們是獅子的美髮俱樂部！你獵到的獅子剛好正在換毛或天生禿頭嗎？不要緊，我們能提供華麗的鬃毛供你替換！」

「嫌松鼠太多嗎？松鼠惹得你抓狂嗎？我們替你做成標本！」

「分部位征服動物形態——小型哺乳動物假體的驚人進步，專利申請中！」

＊　＊　＊

結果，賽展的大贏家竟是一件小作品：兩隻樹雀合力築巢的標本。呈交這件作品的是個高大魁梧的德國人，名叫烏維．鮑赫（Uwe Bauch）。鮑赫成長在前東德，長年夢想能來美國參加動物標本剝製展。他的作品寫實可愛，幾乎見過就忘不了，你愈是看它，愈是相信那兩隻鳥隨時會停下築巢的動作，展翅飛上天空。

離開春田市前，我趁一天清早在競賽展廳最後走了一圈。展廳裡靜得詭異，幾百座動物標本成排擺在廳內各處的長桌上。鹿頭群聚在一處，每一隻的姿勢和角度都稍有不同，看上去好像某種動物元老論壇，凝結在唇槍舌戰的一瞬間。其中幾具標本有點暴力感——有一頭鹿單側的鹿角上釘了個信箱，另一頭鹿角上裝飾著帶刺鐵絲網，還有一頭鹿前胸插著一根箭。有一座展品是一頭郊狼，軀體從中裂開，露出世貿中心崩毀的微縮場景模型，還畫龍點睛地裝飾著小小的消防員和輪胎堆，怪異得難以言喻。

但除此之外，展廳裡無比寧靜，獅子終於和科西嘉羊一起躺下，寒鴉一族無止境地追逐一隻注定追不到的大綠金龜，難產早夭的孟加拉幼虎奇蹟般地甦醒過來，臉孔恆久停在張嘴吼叫的一刻，模樣栩栩如生，雖然牠從未活過。

10 懂獅語的人

不久前的一天早晨，凱文．李察森（Kevin Richardson）與一頭獅子抱抱以後，兀自低下頭看手機。一百八十多公斤重的公獅子，腳掌跟餐盤一樣大，與李察森抱抱時竟然乖順地倚著他的肩膀，目光氣勢萬鈞，卻只是悠悠凝望著半空中。幾公尺外，另有一頭母獅子正懶洋洋地閒晃，只見她打了個哈欠，伸了伸懶腰，然後一屁股坐到李察森的腿上發呆。李察森盯著手機，頭也沒抬，只抖了抖大腿要母獅子走開。同時，公獅子結束了他的冥想時間，開始輕輕啃咬李察森的頭。

事情發生在南非東北角一片長草茂密的平原。如果你當時在現場，你會記起自己和那對獅子之間還有一道堅固的安全圍網。雖說如此，假如其中一頭獅子的注意力離開了李察森，回頭盯著你瞧，一瞬間你還是會寒毛直豎，忍不住後退一步。這時，你若想起李察森還在圍網之內，你會忽然明白為什麼很多人在賭他何時會被獅子給生吞。

凱文．李察森在二〇〇七年首度被英國一家報紙稱呼為「獅語者」（lion whisperer），這個名號從此與他形影不離。世界上大概沒有其他人與野生大貓的關係比他更親近、更特殊。李察森與獅子嬉鬧的一支影片在YouTube上觀看次數超過兩千五百萬次，影片下方有一萬多則留言，民眾對影片的反應從敬畏、佩服、羨慕到不解都有。「就算他真的死了，他也是做他喜歡的事，死在自己的天堂裡。」某人留言。另一個人則說：「瞧他自在的！獅子在他旁邊就像小白兔。」幾千條留言無不是換個說法感嘆：「我也好希望能做他做的事。」

第一次看到李察森的影片時，我愣在原地不敢妄動。身體的每一條肌肉和每一根神經都告訴我們，不該和獅子這種危險的動物摟摟抱抱。倘若有人竟然違抗這個直覺，我們的目光會不由自主緊盯著他，就像看著一個人不設安全網就走在鋼索上——對災禍的預期心理有一種不可抗拒的吸引力。

李察森怎麼能與野生動物這麼有違常理的親密，又為什麼要這樣做？因為他天生就愛挑戰危險，恐懼的門檻高過於常人，而且到現在運氣都還不錯嗎？他如果是壯著膽子闖進獅子巢穴再闖出來，就像有的人故意用手去觸碰火焰看看能忍耐多久，那倒還能夠這樣解釋。但很明顯，李察森的獅子並沒有要吃他的意思，他與獅子相處起來也不是連滾帶爬，拚了命在獅爪揮來前先一步逃開。獅子依偎在他身邊、趴在他膝上打盹兒、倚靠著他的身體，像家貓一樣慵懶溫順。這些並不是馴化的獅子，這些獅子願意平心靜氣容忍的只有他一個人，換成別人靠近，獅子很可能會發動攻擊（二〇一八年，其中一頭獅子真的殺死了一名遊客）。這些獅子好像只是基於某些特別的原因接受了李察森，彷彿他只是長得比較怪，身上沒有毛，形狀像個人，但依然是獅群的一分子。

＊＊＊

人如何與動物互動，自古以來是許多哲學家、詩人和博物學家潛心思索的問題。動物的生命樣態如此與人相似，卻又無從得知真貌，這為人類帶來一種只存在於靜默和神祕之中的關係，與我們和其他人類同胞的關係大異其趣。我們每個人都有能力與馴養的動物融洽地相處，但能與野生動物建立關係的人則顯得與眾不同，說不定還有點瘋狂。

幾年前，我讀了作家布恩（J. Allen Boone）寫的一本書。書中詳述他和多種動物交流，包括一隻臭鼬和一隻叫強心（Strongheat）的德國牧羊犬，這隻狗在好萊塢有過短暫的演藝事業。但布恩最自豪的是，他自稱與一隻家蠅發展出了友誼，他替這隻家蠅取名弗雷迪。每當布恩想和弗雷迪相處片刻，他「只需要發送心電感應」，弗雷迪就會出現。布恩自述，弗雷迪會陪他一起做家事，也經常和他一起聽廣播。弗雷迪和李察森的獅子一樣未經馴化，別人並不能近距離地接觸他。布恩認識的人曾堅持到他家看弗雷迪，希望體驗那種特殊的交流，結果，布恩記述說，家蠅生起悶氣，死也不肯讓對方碰觸。

與一隻家蠅或一頭獅子交朋友，讓人不禁要問，建立跨物種的友誼有怎樣的意義。除了這等神奇的事竟然真能實現，還有其他意義嗎？這會不會只是一件奇談，一種表演，一旦新鮮感消退後就不再重要？這是不是違反了某種基本法則，亦即悖反了自然秩序：野生動物原本應該捕食我們、叮咬我們，或至少迴避我們，而不是和我們摟抱依偎？又或者，這種罕見難得的親密感之所以珍貴，是因為我們藉此重新想起一種與萬物相連如一的感受，一種我們人類很容易遺忘的感受？

＊ ＊ ＊

看到凱文·李察森與野生動物為伴是這麼的從容自在，你或許會以為他自幼在叢林裡長大。誰也想不到，他是生長在約翰尼斯堡郊區的孩子，這裡有人行道，有路燈，叢林倒是寸土也沒有。他第一次看見獅子，是小學一年級校外教學參訪約翰尼斯堡動物園。（他記得自己對獅子印象深刻，但也覺得奇怪，這麼壯觀的動物卻活在這麼逼仄的環境裡。）但總之，他還是找到了接觸動物的方法。他是那種會在口袋裡藏青蛙、在鞋盒裡養雛鳥的小孩，像《我當荒野巡守員的日子》（*Memories of a Game Ranger*）這類的書，他看得心馳神往，那是哈利·伍赫特（Harry Wolhunter）在南非克魯格國家公園（Kruger National Park）擔任巡守員四十年來的生涯記述。

李察森後來長成叛逆的青少年，惹是生非的事沒少做過。現在四十歲的他已經結了婚，是兩個幼兒的爸爸，身上仍散發一種頑皮和活力，不難想像他曾經是個會開車兜風、豪飲啤酒、享樂狂飆的青少年。在狂野的青春期，動物被排擠到生活的邊緣。後來出於意想不到的因緣，他才又找回對動物的喜愛。高中時代，他和一個女生交往，對方的父母邀請他隨她們全家一起出遊，去了國家公園和野生動物保護區。這幾趟旅行重燃了他對野生動物的熱忱，他決定當一名獸醫。之後雖沒錄取上獸醫學校，倒是拿回了生理學與解剖學的學位。

大學畢業後，他當起私人體能教練。他的一名學員羅德尼．富爾（Rodney Fuhr）是零售業大亨，與他交情不錯，也和他一樣對動物格外熱心。一九九八年，富爾買下約翰尼斯堡近郊一處本已沒落的觀光景點：獅子公園（Lion Park）。某日，他邀請李察森來遊玩。李察森說，他當時對獅子一無所知。第一次走訪獅子公園，他彷彿獲得天啟。「我遇見兩隻七個月大的小獅子，一個叫小濤，一個叫拿破崙。」他說，「我既驚恐又著迷，但最重要的是，我體會到一種很深刻的感受。往後八個月，我每天都跑去看那兩隻小獅子。」

＊　＊　＊

我在南非的「狄諾肯野生動物保護區」（Dinokeng Game Reserve）與李察森相處了幾天，保護區內現在有一處以他命名的野生動物保護所。住在那裡的幾天，我放棄了所有一覺到天明的奢望。保護區裡的獅子天沒亮就醒了，夜空還一片漆黑，低沉如雷的獅吼聲已經響徹雲霄。李察森也一樣天未亮就起床了。他的頭髮烏黑，眼神明亮，外型很像刮鬍水廣告的演員，有一種不修邊幅的帥氣，精力之充沛也令人折服。難得沒和獅子到處跑的時候，他喜歡騎摩托車、開小飛機。他承認自己對腎上腺素的胃口奇高，喜歡嘗試極限刺激的活動。但要他表現溫柔也不是問題，他很愛咕嘰咕嘰逗弄獅子，對獅子說些親暱的寶寶話。

我來到保護區的頭一天上午，李察森便迫不及待帶我去看他最愛的兩頭獅子，梅格和阿米。她們倆還是獅子公園裡的幼獅時，李察森就認識她們了。「好可愛、可愛、可愛的女孩。」他柔聲柔氣地對阿米說，簡直就像聽小男孩對小貓咪輕聲細語。

一九六六年，獅子公園揭幕。這座動物園在當時是個創舉。在該地區典型的動物園裡，動物都關在狹小空蕩的籠舍，但獅子公園不一樣，這裡允許遊客開車穿越園區的大片土地，野生動物就在園區自由遊走。園區裡配置的非洲草原動物有長頸鹿、犀牛、非洲象、河馬、牛羚和各種貓科動物，這些都曾經是當地繁盛的物種。然而獅子公園的所在位置緊鄰約翰尼斯堡人口稠密擴張的市區，周邊土地大多開發成住宅和工廠，想保留野地是絕計無望的。後來，那些土地就算沒拿來建樓房，也會被瓜分成牧牛場，周圍則滿是住屋、工廠、圍籬、農夫。大型動物的生存空間遭受排擠，只能離開。特別是獅子，早已不在這裡。

獅子曾是地球上分布範圍最廣的陸生哺乳動物，但如今只棲息於撒哈拉沙漠以南非洲，此外只在印度有一個小族群。過去五十年來，非洲野生獅子的數量至少驟減三分之二，從一九六〇年代的十萬多頭（也有人估計多達四十萬頭），到現今大概三萬兩千頭。論體型，獅子是地球上最大的貓科動物，只有虎的一個亞種可以與之相比。

獅子獵食大型草食動物，所以獅子的生態系統要繁盛，首先需要廣大開闊的土地讓獵物充沛生長。獅子是頂級掠食者——換句話說，獅子位於食物鏈的最頂端，自然界沒有其他掠食者會捕食獅子。獅子之所以從南非消失，有一部分原因在於農場主人會射殺誤闖農場土地的獅子，但更重要的是，空闊的土地逐漸消失，再也沒有動物可以捕獵，導致獅子的生存受到排擠。在非洲大多數地區，被圈養的獅子遠多於野生的獅子。

獅子公園界內的土地與周圍一樣荒蕪，沒有大型動物生存，園內的獅子只能仰賴進貨。富爾接手經營後，買來了一群自馬戲團退休的獅子，牠們這一生大概從沒見過自然環境。

獅子公園的開放草原區立刻大受歡迎，但比起園內的另一個主題區「小獅世界」，那差得可遠了。遊客來到小獅世界可以下車走進圈欄，實際抱一抱並撫摸小獅子——誰能抗拒這等誘惑？不像其他很多動物，例如鱷魚，或是毒蛇，輕而易舉就能做掉我們，小獅子是那麼可愛，臉頰軟軟的，鼻子扁扁的，耳朵圓圓的。你無法想像成年後那麼兇猛的動物，幼獸卻那麼乖巧。抱起小獅子會讓你緊張卻又欣喜，有部分正出自於這之間的落差。

不過，小獅子一旦長到六個月大，體型和力氣就大到抱不住了。在獅子公園，這些亞成年獅會從小獅世界畢業，加入「獅子散步區」，遊客只要多付額外費用，就可以在空地與這些獅子並肩漫步。但等獅子長至兩歲，進行任何互動就都太危險了。超過一定年齡的幼獅，偶爾會有幾隻加入園內的「野生」獅群，這實際上是個數學問題：要維持園內最熱門的小獅世界貨源充足，需要很多的小獅子。但幼獸長大得很快，一旦長大了，成年獅子的數量必然會超出園區的容受量。

李察森一有時間就往小獅世界跑，他發現自己與動物交流特別有一套。與園內的其他員工相比，他和動物的關係似乎不太一樣，也比較深厚。獅子好像感受得到他的信心，對他特別有反應。李察森自己發明了一套獅語，不時會和獅子一起嘶吼嚎叫。獅子恰好是社會性最強的大型貓科動物，牠們群居生活、合作狩獵，對觸摸和目光極為敏感。

李察森陪小獅子玩耍的樣子，彷彿自己也是一頭獅子，不怕一同翻滾、扭打、互相磨蹭鼻頭。他經常被咬、被抓，或被撞翻在地，但他覺得這些獅子已經接納他為同伴了，這段關係是他生活的支柱。「人有時候深感孤獨，與動物為伴反而最快樂，我深有體會。」他說。小濤和拿破崙，還有梅格和阿米，是他最依戀的獅子。他每天在園內愈待愈久，後來富爾看不下去，乾脆給了他一份工作，讓他可以全天候和獅子待在一起，李察森高興得不得了。

* * *

李察森一開始沒有多想，園內的成年獅群數量如果沒有增加，那小獅世界和散步區的獅子長大以後去了哪裡？他記得有人語焉不詳地提到，多出來的獅子會被送到附近的農場。他承認當初是任由天真蒙蔽自己，故意視而不見，讓自己不必深入追究事實，但有件事可以肯定：小獅世界的獅子——以及獅子公園成功後，南非各地競相出現同性質互動農場裡的每隻幼獅——沒有一隻成功回歸野外。因為牠們從出生後就習慣了人工餵養，從未學過狩獵本領，這樣的獅子無法在野外獨自生存。更何況，就算牠們僥倖能夠適應野外生活，也沒有地方可以野放。

南非的野生獅子全都棲息於國家公園，受到監控與管理，以確保每隻獅子都有充裕的地盤和獵物。而且在獅子能舒服生活的前提下，每座國家公園容納的數量目前也都已達上限。簡單說，就是沒有空間能再容納成年獅子了。這突顯了一個令人不安的認知：保育非洲的獅子，不能只著重於增加獅子的數量，反而應該承認，以現在仍不斷縮小的棲地來看，當前獅子的數量可能還太多了。獅子本身並不短缺，短缺的是供獅子生存的野地空間。

＊　＊　＊

像獅子公園這類互動設施多出來的獅子，有些會流落到動物園和馬戲團。有些則被運往亞洲屠宰，骨頭用於磨製民俗藥方。還有很多被賣往南非本地約一百八十間登記在案的獅子繁殖場，用來生產更多幼崽。幼獅互動是有利可圖的產業，所以對幼崽的需求不曾間斷，尤其每頭小獅子可用的時間只有幾個月。論者批評，繁殖業者在幼崽出生才沒幾天就強制牠與母獅分開，方便他們立刻再讓母獅交配，不必等待母獅度過漫長的哺育和斷奶期。南非有近六千頭圈養獅子，絕大多數都活在繁殖場裡，再而三地重複懷孕生產的循環。

剩下其他來自獅子公園等地的多餘成獅，則淪為商業狩獵中的戰利品。很多商業狩獵業者的經營方針，就是向顧客保證必有所獲。獅子被圈限在鐵絲網圍起的區域內，沒有任何機會逃跑，有時還事先被注射了鎮靜劑，讓獵人容易射中。在這類「狩獵」中，射殺一頭公獅的費用可達四萬美元，獵獲母獅的費用則約八千美元。戰利品狩獵在南非是個大產業，每年收益近一億美元，將近一千頭獅子每年在商業狩獵中遭到射殺——獵人絕大多數來自美國。

富爾在一封電子郵件中向我坦承，過去獅子公園為互動設施所飼養的幼獅，在長大到不能供遊客撫摸和陪同散步後，的確成了圈地狩獵中的戰利品。他又說，他很遺憾發生過這樣的事。近期以來，他制定了新的經營政策，「確保盡力給予最佳待遇，不再有獅子淪入狩獵產業。」但他沒有說明日後這些獅子會去哪裡。

＊＊＊

幾年前，李察森有一天到了獅子公園，上工前先去看看梅格和阿米，卻發現她們不見了！他找上園區經理，對方說梅格和阿米已經被賣給了繁殖場。李察森氣壞了，費盡唇舌總算說服富爾把獅子接回來。安排妥當後，李察森決定親自去接獅子。這是他第一次看見獅子繁殖場，眼前的景象令他震驚無語，上百隻母獅子像牛隻一樣被關在狹小擁擠的畜欄裡。他在那一刻終於猛然醒悟：與小獅子互動的設施，正是問題的根源。這些設施為業者繁殖圈養獅子提供了金錢誘因，產出數不盡的半馴化幼獅，然而這些獅子到哪裡都沒有合理的未來可言。這是個注定要葬送無數動物的系統，而他則是系統的幫兇。他不想再身處其中了，但他仍希望留住那些與他親近的獅子。

李察森約莫也在這個時期博得國際間的目光，這要感謝一部電視特別節目播出他和一隻獅子玩耍的情景，然而，隨之而來的名氣卻置他於進退兩難的立場。他是靠推崇獅子的王者霸氣而成名的，但影片只顧呈現他在獅子身旁從容的樣子，很容易像是想要彰顯獅子也有可能被馴化。他工作的地方也透過幼獅互動區促進了獅子的商品化。他自覺對他在獅子公園照顧的三十二隻獅子、十五隻鬣狗和四隻黑豹負有直接責任，他開始想像一種可能，或許能說服富爾把獅子割愛給他。但就算富爾願意，李察也無處安置獅子。「我開始在想，我能怎麼保護這些動物？」當時的他沒有答案。

約當此時，富爾參與製作《白獅》（*White Lion*）這部南非電影。電影情節的主軸，是一隻被放逐的獅子在非洲草原面對種種難關。這部片由李察森與富爾共同監製，同時負責管理動物演員。李察森靈機一動向富爾提議，他願意拿電影監製工資交換動物園一半的經營權。令他驚喜的是，富爾竟然同意了。李察森連忙著手為動物安排合適的居所。他順利在附近找到一片農場可以安置動物。電影一殺青，他便將屬於他的那群動物從獅子公園移至農場。他繼續在獅子公園工作了好一陣子，但與這個地方的關聯讓他愈來愈不自在，他與富爾漸行漸遠，最後離開了這份工作。

＊　＊　＊

李察森把與富爾決裂和離開獅子公園視為重塑形象的大好機會。當初他以馴服獅子的能力出名，現在他決定要為維持野生動物的野性努力。不過，他依舊希望繼續展現自己與動物獨一無二的關係——他和獅子的親暱依偎、摟抱、嬉鬧。他這種作法所傳達的訊息令人困惑，因為這暗示了人與野生動物關係的終極目標是熟悉和親密，而非保持距離。李察森說，他很明白自己的作法充滿了矛盾，他的理由是，他的這些獅子是個例外，因為牠們自幼生長在異常的環境，經常被獅子公園的來往遊客抱在懷裡撫摸拍哄。他說，他不希望這些獅子被視為未來人獅互動的典範。

「如果我不能善用我與獅子的關係來改善獅子全體的處境，就表示我只顧自己開心而已。」李察森說，「可是我所獲得的名望，我和獅子互動的能力，代表我在獅子議題上有比較大的影響力。」他相信，如果能讓更多人懂得欣賞這種動物——就算是以幻想有一天能和獅子抱抱的形式，終究能激勵大眾反對狩獵並支持保育。

＊　＊　＊

幾年前，李察森結識了傑拉德・豪威爾（Gerald Howell）。豪威爾家族擁有一座農場，鄰接「狄諾肯野生動物保護區」。狄諾肯是約翰尼斯堡一帶最大的野生動物保護區。前些日子，豪威爾與附近多位農場主人相繼拆掉了區隔彼此土地與公園的圍籬。這是難得一見的示意之舉，這代表附近的野生動物如今又能在重新串聯的土地內自由來去：等同為四萬六千英畝的保護區又增加了廣大土地。豪威爾家族也不再務農，改而經營草原營帳，供造訪狄諾肯的遊客入住。

豪威爾與李察森認識並建立交情之後，從農地內劃出了一個區塊，讓李察森的動物有個永久的居所。李察森喜出望外。他在豪威爾的農地內興建了庇護所和圍場，隨即讓他的獅子和鬣狗遷住進去，盼望這會是牠們永遠的家。

＊　＊　＊

我去拜訪李察森的那個星期，氣象預報有雨。每天早晨，天邊都烏雲低垂，雲朵灰暗而腫脹，但天氣不算太差，還是能帶獅子出去散散步。李察森的獅子住在簡單但寬敞的圍欄裡，平常不能任意遊走，因為要是遇上了狄諾肯的野生獅群，恐怕會處不來。李察森盡力彌補獅子所受到的限制，經常帶獅子出外到國家公園裡走走，在他的監督下閒蕩，簡直是自由與囚禁的微妙融合。「可以說，我就是個看似尊榮的獄卒，」他說。「但我盡力在可行範圍內給獅子有品質的生活。」

聽見獅子的吼叫聲起床後，我和李察森離開草原營帳，驅車穿越狄諾肯保護區，整個平原坑坑巴巴，遍地長滿了黃草，偶爾立著幾株相思樹和冒著泡泡的黑色白蟻丘，被覓食的象群連根拔起的灌木柳叢像挑木棒玩具一樣堆在路邊。遠處有一隻長頸鹿當空經過，頭和樹頂在同一個高度。

這天，李察森說輪到嘉比和巴布卡出外散步。我們抵達獅子圍欄，所有動物一見到李察森的卡車靠近，便馬上聚到圍欄邊，來回踱步喘氣——好比家裡的狗兒看到主人伸手去拿牽繩，也會有這樣的反應。獅子似乎會散發熱氣，空氣陣陣湧來牠們濃重的汗味。李察森打開柵門鎖，走進圍欄：「哈囉，我的帥哥。」他揉了揉巴布卡的鬃毛。巴布卡重重眨了一下眼睛，身體挪了點位置出來，剛好夠讓李察森坐下。嘉比的個性比較激動又愛搗蛋，她把全身都撲了上去，用她巨大的前腳環住李察森的肩膀。「哇！好了，好，嗨嗨，你也好啊，乖女孩。」李察森努力維持住平衡，和嘉比纏鬥了好一會兒才把她推開。

接著，他點開手機應用程式，看狄諾肯的八隻野生獅子今早聚集在哪裡。國家公園內每一頭野生獅子都繫有無線電項圈，能發送牠們的所在位置。打開應用程式，地圖上的每個小紅點就是一頭獅子，這是李察森不可或缺的資訊。獅子雖然有天生的社會性，但是領域性也很強，與不對盤的獅群打鬥競爭是野生獅子死亡的主因。「我們帶這幾個孩子出去散步時，可絕不希望遇上野生獅子，」李察森說。「要不然肯定倒大楣，躲不過一場血戰。」

路線決定以後，李察森讓嘉比和巴布卡坐上拖車，往國家公園出發。卡車駛在路面的車轍裡，左搖右晃、鏗鏘作響。珠雞前後擺動牠藍色的頭，在我們前方焦躁地繞圈子踱步，一家子疣豬低著頭驚惶逃竄，發出尖聲怪叫。

到了一片空地停下車，李察森爬出車外，打開拖車。獅子跳落地面，沒發出半點聲響，旋即雀躍地跳開。正在啃食灌木的一群水羚嗅到獅子的氣味立時回頭警戒，搖起白色的臀部互相警告。水羚紛紛靜止在原地，瞪大眼睛望向這邊，圓圓的臉上目光警惕。李察森的獅子偶爾會在散步途中捕捉獵物，但多數時候只會潛伏窺視，不久就沒了興趣，一個勁兒地跑回他身邊。牠們最常虎視眈眈的是卡車的輪胎，顯然偶爾想嚼些軟軟韌韌的東西時，輪胎是很不錯的選擇。李察森常常得噓聲把這些肖想輪胎的獅子趕走。

望著獅子快步走遠，我忍不住問李察森，既然都在保護區被放出去了，獅子為什麼不乾脆跑掉。「我猜是因為牠們知道哪裡才有得吃，還有就是習慣了吧。」李察森說完賊兮兮一笑補了句：「我喜歡想像，那是因為牠們愛我。」

我們看著嘉比偷偷摸摸接近那群水羚。她一點一點地拉近距離，然後突然間向前猛衝！羚羊群四散奔逃，轉眼都逃到了她的攻擊範圍外。嘉比悻悻然地轉身回頭，走向李察森，然後倏地立起上半身，一百三十幾公斤重的肌肉全速倒向他。我雖然見過李察森抱住獅子很多次，也看過他的所有影片，當中有無數次同樣熱情洋溢的接觸，我甚至聽過他自己解釋說他信任獅子，獅子也信任他，但那一刻我的心臟還是陡然跳了一下，在那不到一秒鐘的瞬間，人和獅子溫暖擁抱根本狗屁不通的念頭在我腦中轟隆作響。

李察森把嘉比攬在懷裡輕輕搖了一會兒，嘴裡嘟囔著：「好乖，好乖，我的好孩子。」然後才把她放回地上，引導她把注意力轉向巴布卡。巴布卡正抵著附近的一棵相思樹磨搔後背。「去吧，嘉比。」李察森輕輕推她。「去呀，去吧，好孩子，快去！」

嘉比回頭走向巴布卡。兩頭獅子接著踏上泥徑慢慢走遠，所經之處小鳥紛紛從樹叢中飛竄出來。牠們步伐輕快，充滿自信，霎那間彷彿早已獨立自主，統馭了這片草原——多美好的幻想！這些獅子從小在遊樂園長大，被遊客拍哄成了習慣，就算真的拋下了與李察森的友誼跑掉，很快也會遇上國家公園邊界樹立的圍網，那麼旅程也就到此結束了。

那些框限不只狄諾肯這裡有，全南非的野地、乃至於整個非洲的大部分野地，都被鐵絲網給圍了起來，身在其中的所有動物也多多少少受到管控——包括遊走範圍受到限制、個體數量受到監管。即使是看似最遙遠的灌木叢裡最荒僻的角落，一樣被人類的手牢牢攫住。到最後，人類幾乎對自然界的每個方面都要插手。何謂真正的「野生」？這個概念也被攪亂到再也沒有實質的意義。

＊ ＊ ＊

天色漸漸暗了，雨滴答落下，一陣輕風將灌木叢和樹葉吹得四散。李察森看看錶，差不多該回家了。他出聲叫喊獅子。獅子聽見叫喚，幾乎是立刻掉頭回來。兩頭獅子分別往卡車輪胎蹭了一下，然後也沒人催促，自個兒就跳上拖車等著回家。李察森鎖上籠柵後給了我一塊點心餵嘉比，教我怎麼樣遞給她。我把手掌攤平抵在籠柵的鐵條前方，心臟怦怦撞擊著肋骨。嘉比湊近籠柵，伸出舌頭把我手上的肉撈走。吞下去之後，她用那雙琥珀色的眼睛盯著我瞧，上下打量我一番，然後才轉身慢慢走開。

＊　＊　＊

李察森很希望自己被時代淘汰。他想像未來的世界裡，人類再也不會插手干涉野生動物，再也不會創造出既非野生也不馴化、在任何環境都格格不入的邊緣動物。在他所憧憬的世界，獅子會有充裕的空間自由生活，像庇護所之類的地方將不再有存在的必要。他說，幼獸互動和圍場狩獵要是能即刻終止，他願意放棄所有的獅子！我想他應該是想表態對廢止幼獸互動和圍場狩獵的支持吧，但這種想法更接近於假設，因為這些產業短時間根本不大可能被廢止。

從現實來說，不論未來發生何事，他的獅子餘生終究只能倚賴他，牠們才幾個月大時就認識他了，現在多數獅子都已屆中年或老年，年紀在五歲到十七歲不等。其中有幾頭，包括最早在小獅世界令李察森中了迷咒的拿破崙，早已經去世了。

李察森說，他不打算再收編年輕獅子，所以他的這些動物總有一天會先他而去。但有時候，儘管你意念堅定，計畫卻趕不上變化。世間事無非就是這樣。幾個月前，一個獅子救援團體聯絡上李察森，他們從西班牙一間主題樂園救出兩隻營養不良的小獅子，希望李察森願意給小獅子一個家。李察森起初嚴詞拒絕，執意遵守不再收編獅子的誓言，但終究動了惻隱之心。他知道小獅子很難完全恢復健康，往後也恐怕很難找到去處，一眨眼間，他又多了兩隻新來的小獅子。

小獅子來了之後日漸茁壯，他看了很欣慰。我們有一天在獅子育幼區停下看看，很明顯看得出李察森有多麼喜歡和小獅子相處。看著他與獅子為伍，真像是一種奇特又奇妙的幻覺——你不太相信自己的眼睛，甚至不確定你目睹的是什麼，但光是眼前的景象、看著其中暗示的可能性，你就不禁內心激動，我們原來是有可能與野生動物和平相處的。

兩隻新來的小獅子叫喬治和葉姆。牠們肚皮朝天在地上打滾，腳掌扒著李察森的鞋子啃咬鞋帶。李察森與小獅子扭打成團，搔抓牠們身上的癢處。「最多就他們兩個，之後不行了。」他搖搖頭，「再過二十年，其他獅子大概都過世了，喬治和葉姆也老了。到時我也六十歲了。」他笑了起來，「我可不想六十歲還要被獅子飛撲！」他彎下腰搓揉喬治的肚皮，嘆了口氣：「想想我也走了很遠了，現在，我已經不必看到每頭獅子都一定要抱上一抱了。」

11 兔瘟爆發

絕大多數的兔子都有一項與生俱來的技能，即使病得很重，還是能佯裝健康。如果說負鼠會裝死，那麼兔子就是顛倒過來，但目的都一樣，都是為了要讓掠食者摸不著頭緒，否則病弱的兔子會讓掠食者覺得好下手。但也因為有這種做戲的能力，兔子死掉往往來得突然——應該說，顯得很突然——其實早已病了一陣子。

今年二月，在紐約市最忙碌的一間兔子獸醫診所「鳥禽與特寵醫護中心」（Center for Avian and Exotic Medicine），一隻住院過夜的寵物兔猝死了。這隻兔子原本看起來活力充沛，卻毫無預警斷了氣，就被歸因於兔子假裝健康的習性。但同一天晚間，診所又有一隻兔子死去。第二隻兔子的死看似巧合卻也奇怪，因為死掉的第一隻兔子年事已高，但第二隻兔子還很年輕。當晚第三隻在診所死去的兔子介於中年，這隻兔子雖然早有腹部腫瘤損及健康，但沒有理由會突然暴斃。兩起死亡還可能是巧合，死了三隻，必定是個壞兆頭。

診所希望讓剩下的十五到二十隻兔子即刻出院，但很多飼主出門在外，無法一接到通知就趕回去接應。診所的醫療主任艾莉克絲．威爾森（Alix Wilson），正好也在這一群飼主之列。艾莉克絲出門度假，不在家的這幾天，她養的兩隻兔子賴瑞隊長和桃莉也寄宿在診所。為求保險起見，員工把診所內所有的兔子飼料和墊料都扔了，怕是這些東西裡孳生的病菌害死了三隻兔子。但短短幾週內，又有八隻在二月待過診所的兔子相繼死去。賴瑞隊長依舊活蹦亂跳，可是桃莉——這隻艾莉克絲才剛養來給賴瑞作伴的中等體型垂耳兔——不幸也去世了。

＊＊＊

有一種在杯狀病毒科（Chaliciviridae）下、Lagovirus屬的病毒，可在兔隻之間引發高傳染力的疾病，稱為「兔出血症」（rabbit hemorrhagic disease），簡稱RHD。RHD令人困擾的一點是很難診斷，染病的兔子可能會出現輕度嗜睡、發高燒、呼吸困難的症狀，也可能全無症狀。但不論有無症狀，RHD致死率都高達駭人的百分之百，而且沒有方法可以治療。

兔出血症病毒的存活及傳播能力強得令人咋舌，即使未能找到宿主，病毒在乾布上仍能存活一百多天，也耐得住冷凍和解凍。這種病毒在死兔體內還能活躍好幾個月，在兔子毛皮或安哥拉兔毛紡的毛線上，甚至在極少數受到感染但倖存下來的兔子身上，也都能存活，而且可經由鳥爪、蒼蠅腳、郊狼的毛髮傳播。冷酷無情又破壞力強大的傳染力，讓很多寵物飼主開始稱之為「兔子的伊波拉病毒」。

美國農業部將RHD歸類於「外來動物疾病」，定義為一種「具傳染性的家畜或家禽重大疾病，據信不存在於美國本土與各領土境內，有可能對健康或經濟造成嚴重危害。」所有外來的動物疾病都屬於「應通報」疾病，意思是，但凡發生病例，都須向州政府動物衛生官員通報。在大多數地方，這名官員指的是州立獸醫，其職責相當於督官，負責監督地方施政。（動物相關事務很多都由州的層級決定。）另外也須通報美國農業部和「世界動物衛生組織」（World Organization for Animal Health），世界動物衛生組織的總部在巴黎，會追蹤病毒的全球動向。

身為獸醫師，艾莉克絲對RHD並不陌生，她自己也曾不經意地想到，診所裡的兔子離奇死亡，會不會就是RHD搞的鬼。「但我又想，不對，不可能。」她後來說，「紐約市至今沒有兔出血症的案例。」然而，她的員工將一隻死兔的組織採樣寄給康乃爾大學實驗室，實驗室又將樣本轉交給位於紐約州普拉姆島的外來動物疾病聯邦研究中心，最後傳回的調查結果指出，這是一株變異種病毒，名為RHDV2！

艾莉克絲錯愕不已，她的診所立刻停止再接收兔子，同時展開深層消毒，包括換掉天花板磚，不少價值數千美元的醫療器材則因無法消毒而全數丟棄。美國農業部的紐約州及紐澤西州緊急援助員陶德·強森（Todd Johnson）過來協助監督消毒作業，另有一名獸醫流行病學者與一名部門實習生，則協助聯絡近幾個月曾在診所住院、共一百五十五人的兔子飼主，盼能釐清感染源頭。令人困惑的是，他們後來才知道，華盛頓州早有兔子死於RHDV2病毒，其他州不久相繼出現死亡病例，包括亞利桑那州、德州、新墨西哥州和內華達州。

＊　＊　＊

RHD病毒於一九八四年在中國江蘇省首度驗明。它先是殺死大量商業養殖取毛用的安哥拉兔，之後繼續在寵物兔和肉兔之間延燒，這些兔子全屬於同一物種，學名*Oryctolagus cuniculus*，俗稱歐洲兔或家兔。疫情初次在中國爆發的這段期間，約有一億四千萬隻兔子死於病毒。兔出血症很快又往亞洲的其他地區肆虐，繼而傳向歐洲、英國、澳大利亞和中東。

RHD病毒的原始變異株在美國只有幾起病例，而且很快就受到控制，但是美國的兔類產品——包括兔肉、兔毛、兔皮、活兔，多數都進口自疫情曾廣泛傳播的國家。美國農業部決議將兔出血症列為外來動物疾病，但二〇〇二年的一份部門報告警告：「RHD自二〇〇〇年和二〇〇一年的爆發後，已漸漸成為兔類產業日漸加深之隱憂。」

＊　＊　＊

在人與動物交流的世界，兔子處在一個曖昧不明的位置。只有兔子這種動物，我們會常常養在家中當寵物，同時也常常取其肉為食、取其毛為衣。兔子既可歸類為陪伴動物，又可歸類為家畜，但這也代表兔子很難完全歸屬於任何一方。美國有許多動物法規（特別是虐待動物重罪條款）適用於貓狗，卻不適用於兔子。至於「人道屠宰法」（Humane Methods of Slaughter Act）等法律可以保護家畜，卻未涵蓋兔子，因為美國農業部並未正式認定兔子為家畜，雖然很多兔子養來無非是為了供應肉品。

大概沒有一種動物像兔子一樣會因為所屬的功能分類不同，而讓牠們的價值有很大的落差，受到的對待也差異極大。自認是愛兔人士，不代表你看待兔子的方式就會和另一個自稱喜歡兔子的人一模一樣。從「美國家兔育種者協會」（American Rabbit Breeders Association，簡稱ARBA）近兩萬名會員裡隨意挑個人來訪問，他可能養了一隻名貴的澤西長毛兔，讓牠每天睡在主人床上，偶爾精心打扮參加兔展；也可能養了一籠子上百隻兔子，最後將會變成一鍋燉肉。

律師娜塔莉・瑞夫斯（Natalie Reeves）平日在兔隻收容所當志工，也在紐約市律師公會主持兔類相關的法律講座。她養了一隻長毛寵物兔叫小毛麥吉利寇弟。幾年前，她發現兔毛糾結成團，怎樣也梳不開，便上網找到一個長毛兔飼主社團，把小毛的毛髮問題貼上社團，以為會得到應該用哪一牌潤絲精、哪一種梳子的建議。結果，她在網站上逛了又逛，發現類似問題經常得到的回覆，是勸主人放棄這隻兔子，重新養一隻新的。

* * *

兔子於我們的周遭無所不在。除了南極洲，每一塊大陸都有兔子生存，而且生存環境涵蓋廣泛。兔子被人類馴養的歷史沒有千年也有百年，歷史上還一度興起值得注目的兔子熱潮。維多利亞時代，喊價最高、最為搶手的兔子是比利時兔（Belgian hare）。諷刺的是，當初培育這個家兔品種的目的，是為了讓牠的外形神似野兔。比利時兔的皮毛光滑，栗色的毛髮末端帶黑，身體修長，生得一對討喜的長耳朵。事實上，一九〇二年在碧雅翠絲・波特（Beatrix Potter）的作品《小兔彼得的故事》（*The Tale of Peter Rabbit*）首度亮相的彼得兔，就是比利時兔的翻版，該作品出版時，正值比利時兔狂熱的巔峰。

一九〇〇年，一艘載了六千隻比利時兔的船從歐洲抵達美國，引來洛克菲勒家族、杜邦家族、J.P.・摩根等商業鉅子的關心，他們把這些兔子看作一筆股權投資。（這些兔子也確實是很好的投資標的：公比利時兔一隻就可賣到五千美元，換算至今日超過十五萬美元。）根據「家畜保護協會」（Livestock Conservancy）的調查，當時全美幾乎每座大城市都創立了比利時兔社團，光是洛杉磯的愛好者加起來就擁有六萬隻比利時兔。

兔子畢竟是兔子，一旦比利時兔的數量以等比級數增加，原本因為這種兔子看似稀有而膨脹的買賣市場，終究也不免崩垮。愛好者的注意力開始轉向其他品種，一度氾濫的比利時兔漸漸銷聲匿跡。至一九四〇年代，甚至有人擔心這個品種會不會絕種。

兔子與病毒也有一段獨特的歷史。史上第一個人類以消滅野生動物族群為目的刻意散布的病毒，名為黏液瘤病毒（myxoma virus），能引發對家兔致命的兔黏液瘤病（myxomatosis）。一九五〇年，這種病毒被施放於澳洲。因為自從一八五九年，十多隻家兔在一座狩獵莊園被野放後，繁殖速度就超越了所有數學模型的預測，沒多久已有數億隻之多。

兔子在澳洲的繁衍擴散，可謂單種哺乳動物已知在地球上傳播最快的一次。這些兔子走到哪裡啃食到哪裡，為澳洲全境帶來了生態浩劫，射殺牠們的作法也僅能讓數量短暫稍減。因此，引入黏液瘤病毒的目的，就是希望能控制族群的數量。病毒不負眾望，不多時便消滅掉約五億隻兔子。（至今澳洲仍有某些地區，或許是擔心族群數量爆炸的危機再度上演，法規依然禁止飼養寵物兔。）

黏液瘤病毒在澳洲施放的兩年後，法國一名醫師因為氣憤兔子老是偷吃他菜園裡的蔬菜，在逮到兩隻現行犯後，往牠們身上注射了黏液瘤病毒。兔子慌忙逃走，之後雖然只存活了一小段時間，但已足以將病毒傳染給其他兔子。兔黏液瘤病後來在歐洲及英國遍地開花，所到之處遇上的兔子幾乎無一倖免。好不容易才總算有疫苗開發出來，兔黏液瘤病在掃滅掉歐洲過半數兔口以後，終於多多少少受到了控制。

＊　＊　＊

後來，兔黏液瘤病也傳到了美國，但不知何故，在這裡始終沒能踩穩基礎。兔黏液瘤病要是穩定發展起來，無疑會是一場重災，因為在上世紀中葉，兔子曾是重要的食物來源。現今說到兔肉，多數人會聯想到歐洲珍饈，但其實兔肉也曾是美國的家常菜。當年美國的大型商業養兔場眾多，上超市就能買到兔肉。當時最大的兔肉加工商是Pel-Freez（現在還是），該公司創立於一九一一年，傳聞創辦人當時意外收到一隻寵物兔當禮物，未料那隻兔子懷有身孕，根據Pel-Freez的企業歷史自述，創辦人得以「化困境為轉機」。

兔肉可依照雞肉的方式烹調，又有高蛋白質、低脂肪的誘人優點，況且在當時也比牛肉便宜得多。而且養兔子很簡單，只要家裡有一片後院，誰都養得了。兔子每三十天就能生產一次，幼兔只要六十天就進入所謂的「熟齡」。不過，即使在兔肉商品銷售的全盛時期，兔子也未被視為與牛羊豬一樣的家畜。因為美國農業部並未將兔子分類為家畜，所以從未要求兔肉必須通過檢查或評等。

第二次世界大戰戰後，國內對兔肉的需求逐漸下滑。大約同一時期，本土飼養的肉牛數量增加近兩倍，早先還是奢侈象徵的牛肉，現在就連平民也負擔得起。接著，牛畜產業開始大力宣傳吃牛肉是愛國的表現，牛肉漸漸成為美國人餐桌上的常備菜，今日牛畜產業年淨值約有七百億美元。也是在同一時期，雞肉在工廠化養殖之下變得隨處可見，很快就成為白肉的首選。因此兔肉退出了主流，頂多偶爾出現在餐廳的菜單裡。

說到兔肉需求下滑，美國家兔育種者協會執行董事艾瑞克・史都華（Eric Stewart）把部分矛頭指向了兔寶寶（Bugs Bunny）。兔寶寶是一隻灰白相間的兔子，與大人一樣高，個性調皮搗蛋。這個角色首創於一九四〇年，是華納兄弟卡通《歡樂旋律》（*Merrie Melodies*）和《樂一通》（*Looney Tunes*）的主角。一九六〇年，兔寶寶挑樑主演的《兔寶寶秀》（*The Bugs Bunny Show*）於電視上推出，在電視聯播網上一播就是四十年。史都華認為，從小看兔寶寶節目長大的世代，怎麼可能接受吃兔子這種事。

兔寶寶的影響之外，飼養寵物兔的人數也突然竄升。一九八一年，名為《你的法國大耳兔：浮華之王，兔界明珠，你理想的寵物》（*Your French Lop: The King of the Fancy, the Clown of Rabbits, the Ideal Pet*）一書出版後，養兔人數更隨之大增。作者珊蒂·庫魯克（Sandy Crook）本身有養兔子，她在書中強調寵物兔與貓狗一樣，可謂完美的家庭寵物。兔子可以養在家裡，不必一定要放逐到後院的屋籠去，因為只要適當訓練，兔子也能學會使用貓砂盆。很多人認為《你的法國大耳兔》一書是兔子家養運動的奠基文本。接著，四年之後出版的另一本暢銷書《家兔飼育指南：與都會兔一起過日子》（*House Rabbit Handbook: How to Live with an Urban Rabbit*）則進一步成為推廣運動的宣言。此後，養在家中當寵物的兔子數量不斷上升。

＊＊＊

我們無法確定全美國有多少隻兔子，但可以肯定兔子是國內第三受歡迎的寵物，排名僅次於狗和貓，若論迷你寵物，兔子更是最受歡迎的，勝過倉鼠、天竺鼠和小鼠。美國農業部估計，全國約有超過六百七十萬隻寵物兔，至於家兔的總數，則要看你是只計算寵物兔呢，還是養來待宰的兔子也算。假如想的更複雜點，還有一類是為特定目的所飼養的兔子，比如為了四健會作業養的兔子，一旦作業完成後，有可能頓時從寵物淪為肉品。

兔子的相關活動也是一場接一場。現今每年約有五千場經美國家兔育種者協會核可舉辦的兔展，最大規模的展會可吸引超過兩萬五千隻兔子參加。另外還有兔子時裝展，在日本特別流行。橫濱舉辦的一場時裝展上，可以看到兔子扮裝成名偵探福爾摩斯、飛行員艾蜜莉亞·艾爾哈特（Amelia Earhart）和耶誕老公公。

在紐約市，飼主定期會在中央公園舉辦兔子的相親同樂會。不只紐約，全國各地都有飼主為自家兔子策畫相親。藉此機會，兔子可以互相認識，看看彼此是否來電。飼主如果有意想養第二隻、第三隻，甚或是第四隻兔子，為兔子找對象是必要程序。美國典型的飼主養的兔子多半不只一隻，所以相親更是重要，因為兔子雖然繁殖能力驚人，卻不見得遇到同伴一定處得來。

* * *

兔出血症的原始型態在中國出現後不到五年，保護兔子抵抗RHD病毒株的疫苗就研發出來了。全球有幾間製造廠生產這支疫苗，包括法國的Filavie、西班牙的HIPRA；美國的默克（Merck）藥廠設址在紐澤西州，但製造的RHD疫苗只供應給歐洲市場。這支疫苗在美國未曾供應。畢竟美國至今也只發生過幾個RHDV1案例，而且似乎都源自境外。例如發生在賓州的一例，病源據信來自於一場十月啤酒節派對，派對上有進口兔肉做的餐點。如果兔肉事先已遭到感染，病毒有可能傳染到在同一個廚房製備的蔬菜上，剩下的菜梗菜葉之後被餵給兔子吃，兔子接著就出現了RHDV1症狀。

受RHDV1疫情影響的國家，多數都開始供應疫苗。不到幾年，兔出血症在歐洲的擴散似乎逐漸和緩下來。沒想到在二〇一〇年，法國又有兔隻大量死亡，結果發現元凶是病毒的變異種，即RHDV2。用於對抗原始病毒株的疫苗，對新的病毒株顯然無效，導致RHDV2很快又在歐洲和澳洲蔓延。在英格蘭，病毒甚至猖獗到當局必須建議家長，不要讓小孩把死兔子埋在後院，埋葬寵物「雖能安慰孩子的心靈，但可能會助長病毒傳播。」

新變種病毒的死亡率似乎略低於原種病毒，這乍看是好消息，但其實代表RHDV2的傳染效率更高了，因為更多感染過的兔子存活下來，而且可能沒有出現任何症狀，所以也不會被隔離，病毒因此能將疾病繼續傳下去。防護RHDV2的疫苗很快就研發問世。（有時候會結合RHDV1的疫苗一起生產。）到了二〇一六年，歐洲各國都已經能取得疫苗，兩種疫苗都施打過的兔子也十分普遍。

新種病毒和原種病毒一樣，起先好像都未接近美國，國內只有少數幾個孤立的案例。但二〇一九年七月，西雅圖近海的奧卡斯島（Orcas Island）上，有一隻寵物荷蘭侏儒兔先是流出鼻血，不久就死了。為這隻兔子診療的獸醫知道RHD，也知道流鼻血是症狀之一，所以她立刻向華盛頓州農業局通報兔子病故。農業局的教育宣導專員蘇珊·克爾（Susan Kerr）一聽到獸醫師的回報，心中馬上警報大響，因為她知道加拿大卑詩省已有RHDV2疫情爆發。那隻兔子的屍體被送至實驗室進行驗屍以判定死因。

等待結果的同時，克爾的同事開始接到聖胡安島（San Juan Island）的民眾來電。聖胡安島位於奧卡斯島西南方，兩者距離約十九公里。來電者不約而同留意到，島上的兔子好像一夕之間都消失了！好巧不巧，聖胡安島素來以兔子聞名。這得追溯到一九三〇年代，島上一名育種商決定歇業，他在關店後把三千隻種兔全數野放，最後兔子在島上繁衍興旺，形成一大觀光特色。島上的獵兔活動盛名遠播，《運動畫刊》（*Sports Illustrated*）在六〇年代寫過專題報導，標題就叫〈嬉皮跳跳，小島迢迢〉（*Hippity Hop and Away We Go*）。到了一九七一年，面積僅五十五平方英里的聖胡安島，估計棲息了一百萬隻野生家兔。

克爾一位同事在線上動物健康電子信中刊登了疫情爆發的新聞，隨即收到寵物兔飼主鋪天蓋地捎來的訊息，這些飼主都知道有疫苗存在，急於詢問如何讓自家的兔子接種。問題是，RHDV2的疫苗和原種病毒的疫苗一樣只供應於海外，美國沒有任何一家公司持有販售許可證。美國農業部反對進口這支疫苗，除非是少數特殊情況。

農業部態度保留的原因之一，在於國內曾嘗試配合農業部法規在實驗室利用細胞系製造疫苗，結果失敗了。默克藥廠用細胞來生產疫苗，但這屬於基因改造活疫苗，本國的法規並不允許。至於現行其他生產RHD疫苗的公司，生產方式則是將RHD病毒注射到活兔體內，待兔子死亡後，可用其肝臟來製造疫苗。法國Filavie製造廠的發言人表示，用一隻兔子可做出數千劑疫苗。

美國農業部也主張，為部分兔子接種疫苗，會造成往後難以分辨哪些是患病的兔子，哪些是打過疫苗有抗體的兔子；一旦導致混養，可能會在不經意間更助長病毒傳播。不論這些說法是否有理，兔界團體都覺得農業部的態度固執、冥頑不靈到令人火大。有人說，這反映了政府對兔子的蔑視，把兔子當成免洗器皿，壞了換新的就好。另一些人則認為，農業部只是懶得處理向海外採購疫苗需要的繁瑣文書作業，或是單純不願意承認病毒已經來到美國了。

過了好一陣子，農業部終於同意審核緊急進口小量疫苗的請求，前提是獸醫師首先須透過州立獸醫申請。但是，把疫苗問題留給各州，代表同個問題可能有五十個不同的決議——有著五花八門的指導方針，然而疾病的傳播可不會考慮州界。不少獸醫師說，他們有意申請進口疫苗，但一發現程序令人頭疼，多數人都宣告放棄。

艾莉西亞．麥克勞林（Alicia McLaughlin），位於華盛頓州巴薩爾的鳥禽與特寵醫護中心一名醫療主任，是國內第一位取得疫苗的獸醫師（訂購自Filavie廠）。她同樣也聽聞加拿大卑詩省爆發了RHDV2，所以早已著手研究如何取得疫苗，等到農業部姍姍立下規定時，麥克勞林已經有數百位客戶排隊預約施打疫苗。「我知道病毒終究會來臨，」她說。「一旦出現在卑詩省，入境美國就只是早晚的事。」

為了取得疫苗，她首先向華盛頓州立獸醫申請許可，申請案在州農業局和國家農業部之間踢了一個月的皮球；接著，她得想辦法克服語言和時區的阻礙，然後還得自掏腰包雇用報關行護送疫苗出入國境。好不容易在提出申請的四個月後，她才收到五百劑Filavac® VHD K C+V，對RHDV1和RHDV2病毒都有保護作用。到了二〇二〇年四月，麥克勞林終於可以為客戶提供疫苗了，卻遇上了COVID-19疫情，代表她只能在路邊設置服務站，還得想辦法找到個人防護裝備——這個她很需要，因為她不只會與病患互動，還會接觸他們的寵物。

＊＊＊

曼哈頓的鳥禽與特寵醫護中心在爆發RHDV2後，必須進行全面消毒。為了確認汙染源清除殆盡，獸醫師艾莉克絲·威爾森帶來兩隻兔子住進診所。這兩隻兔子將擔負起哨兵的責任，因為病毒傳染力極強，只要設施內還存在RHDV2病毒，兔子幾乎百分之百會感染。「誰也不想帶動物來送死，」她說，「但這是獸醫學上一個可靠的方法，可以證明消毒是否有效。」幸而兩隻兔子都活得好好的，令她鬆了一口氣。艾莉克絲接著申請進口疫苗，卻收到農業部的拒絕信函，信上表示「並無感染擴散的證據」，意思是風險很低，沒有充分理由核可她的申請，尤其農業部認為，家養的寵物兔不會接觸到其他兔隻。

從診所內第一隻兔子死亡，到診所宣布調查鑑定結果，這期間有幾天的延遲，診所有一些顧客為此大發雷霆。但艾莉克絲無奈表示，她們也不可能再更快了，因為無論如何都得等到獲知驗屍結果才能行動。其實就連只是提到RHD，都能令兔子飼主驚慌失措。好幾千人加入了臉書社團，既是交流知識，也是交流彼此無處發洩的情感和擔憂，網頁上的實用資訊之間交雜著懼怕的情緒。

例如大家共有的一個憂慮是，假如你認為你的兔子可能感染RHD，這時誠實告訴獸醫師究竟安不安全？因為獸醫師有義務要向州立獸醫通報。新墨西哥州的州立醫師雷夫·齊默曼（Ralph Zimmerman）認為民眾的恐懼情有可原，大家擔心的是，萬一這隻兔子真的染上病毒確診，而我家裡還有別隻兔子，獸醫會要求「減縮兔口」，意思是，其他兔子也得一併安樂死。甚至不斷有風聲耳語傳出：其實疾病是疫苗所造成的——RHD是一場全球陰謀，目的是覆滅全世界的兔子。近日還有一名臉書社團成員提議寵物兔飼主聯合控告澳洲，看來是把以前施放兔黏液瘤病毒的作法與RHD爆發混為一談了。「不行啦，」另一名社團成員在底下留言，「我們告不了澳洲。」

* * *

就在紐約的獸醫診所消毒完畢重新開業之際，德州布利斯堡附近有人發現三十隻兔子集體死亡；異常多的死兔子也出現在亞利桑那州、新墨西哥州和科羅納多州。美國西南部除了寵物兔和小型兔肉產業，還有族群數量龐大的野生黑尾傑克兔和棉尾兔。兩者雖然貌似家兔，實則是完全不同的物種，無法與家兔異種雜交，也不會受到各種家兔疾病的侵害——這些野兔似對RHDV1免疫。但RHDV2病毒跳越了差異，做到了跨物種傳染！

二〇二〇年三月起，西南部的黑尾傑克兔和棉尾兔開始成群地暴斃。「我收到報告說數以千計，」齊默曼說。「我敢說下一次再聽到就是數以萬計了。」齊默曼從新墨西哥州預算中勉強湊出經費，進口了五百劑疫苗，之後會分配給州內的獸醫師。他推測這一批疫苗最後都會打在「高貴的品種動物」身上。

無奈怎麼做都幫助不了野生兔。有些疫苗如狂犬病疫苗，可以摻在食物裡，投放給野生動物。但RHD病毒的疫苗只能透過注射，而且必須年年施打。各界不只擔心很多野生兔種恐將滅絕，重點是野兔的命運也會牽連其他動物，包括狐狸、山貓、灰狼和蒼鷹，因為野兔是牠們最大的蛋白質來源。「一旦這些掠食者沒兔子可抓了，」齊默曼說。「小貓小狗就會是牠們次愛的食物。」或者，假如路上亂跑的小貓小狗不夠多，掠食動物就會餓死。

過去三個月來，RHDV2已經在西部的七個州現蹤，現在又跳向野生兔種，跟我聊過的獸醫師大多認為這個病毒會在這裡久待，農業部是時候把外來動物疾病改名為「地方流行疾病」才對。這段時間裡有幾次因禍得福，兔子疫情得以稍緩。比如說，原定在春季舉行的各大兔展因為COVID-19疫情而取消了，否則上萬隻兔子齊聚於會場，等同於為病毒大開方便之門。但無論如何，RHDV2病毒持續有增無減。

由各州之州立獸醫代表出席的「國家州立動物衛生官員大會」（National Assembly of State Animal Health Officials），近日籌組工作小組，預計將會評估疫苗需求，並向大眾提出建議。工作小組尚未發表報告，但我最近收到加州州立獸醫安妮特・瓊絲（Annette Jones）捎來電子郵件，她也是大會副主席。信上說：「沒錯，我們應該要取得〔疫苗〕……我們期盼國內製造商挺身而出，向農業部申請販售許可。」

迄今，還沒有美國製造商提出申請，但至少有一家廠商聯絡美國家兔育種者協會聽取訴求。「要叫這些公司對兔子用的藥感興趣，很難啦。所有資金都投注在貓和狗上面。」一位獸醫師這麼告訴我。再加上兔子一養往往很多隻，也讓疫苗銷售的經濟學比預期更複雜。只養了一兩隻寵物兔的飼主，或許還不會排斥每年定期施打疫苗，每次頂多花個三十美元，但很多飼主可是擁有十隻、二十隻，甚至是兩百隻兔子，這時疫苗費用就令人卻步了。

疫苗的取得和注射費用還不是唯一的難題。「我很擔心，已經有人在爭論製造疫苗是不是犧牲了小兔子。」艾莉西亞・麥克勞林嘆了口氣。「疫苗是我們現在僅有的選擇，吵這種事令人洩氣。」家兔救援及教育宣導組織「美國兔友協會」（House Rabbit Society）在官網上貼出一封信，直指兔子會在疫苗製造的過程中喪命，結論呼籲會員慎重考慮「RHDV2疫苗是否適合您與您的家人」。

娜塔莉・瑞夫斯一直盼望盡快讓她的兔子雷達施打疫苗。只要事關她的兔子，她向來很捨得花錢——她那隻長毛打結的兔子小毛麥吉利寇弟，看獸醫治療淋巴瘤至少就花了她幾千美元。「我今晚剛剛得知一個資訊，讓我很煩惱。」她讀到兔友協會關於疫苗製造的信以後，寫了一封郵件給我：「當我發現疫苗是其他兔子貢獻生命換來的以後，我不知道自己還有沒有辦法摸著良心讓我的兔子接種疫苗。」

眼看RHDV2勢將在美國成為地方流行病，目前唯一有望遏止疫情的疫苗，現在卻困於人們對待兔子的矛盾當中。第一次訪問娜塔莉時，她提到說，兔子是最受歧視的一種家養動物，牠們被嘲笑精力旺盛，被當成消耗品，跟絨鼠和土撥鼠一塊兒被看作珍奇寵物，三天兩頭還要面對是寵物還是食物的疑問。兔子在世界上地位奇特，她感嘆，疫苗無非是又一個例證。換作是狗主人，難道也有人指望他們使用殺狗製造的藥物嗎？兔子似乎又一次陷於模稜兩可、非此非彼的困境。雷夫・齊默曼形容得好：「兔子徹頭徹尾是個難題。」

12 完美動物

不久前的一天上午，我從白宮穿越半個華盛頓特區，來到一間剛翻修過的駱駝穀倉。穀倉內的冰箱上貼著一張表格，列出竹子與「大猩猩牌草食飼料」的混合比例，正好有四個成年人坐在冰箱旁的椅子上，目不轉睛地盯著一排螢幕看。螢幕裡分明不見半點動靜，但每個人卻都欣喜若狂。

螢幕裡是從相鄰的圈養空間所傳來兩隻動物的即時影像，其中一隻看來像長了絨毛的大足球——體型、比例、黑白斑塊都令人聯想到麥奎格牌經典五號足球。另一隻呢，則是體格碩大的中年雌性*Ailuropoda melanoleuca*。是的，就是大熊貓，名字叫美香。

美香和她去年夏天出生的幼崽「寶寶」，母子倆睡得正熟，除了毛髮隨著呼吸起伏輕輕晃動外，全身幾乎動也不動。從圈欄傳來的音訊更是接近於無，只有風吹過麥克風發出陣陣低沉的嗚嗚聲，但幾個觀察員依然痴痴望著熊貓繼續深沉、平靜的熟睡。

幾分鐘滴答過去。螢幕上，一隻腳掌輕輕動了一下，旋即回復純然的寧靜。催眠般的魔力讓在場的每個人幾乎都不敢動作，眼睛牢牢盯著螢幕，和兩隻熊貓一樣安靜。「太好了，這個早晨，」終於有一名觀察員喃喃說道，「一切都很完美。」

＊＊＊

不論生物演化是拐了幾個怪彎才創造出大熊貓，成果可謂出奇得好，造就的動物人見人愛，就算一動不動也魅力無法擋。那個上午，我坐在美國國家動物園熊貓館的控制室，美香和寶寶不過是稍微動了一下腳掌，幾分鐘後小小調整了一下睡姿，等時間到了，我竟然還要別人硬拖著才捨得離開。動物園招募志工來監看影像，將熊貓寶寶的生活逐分鐘記錄下來，這工作絕對能用「冗長單調」四個字來形容，可是每次應募的人數都遠遠超過需求人數。

熊貓之所以魅力超群，原因隨便都能列舉好幾個。比方說，像小孩子一樣大大的頭；大眼睛（在黑色眼斑的加乘下顯得更大）、圓耳朵、胖嘟嘟的身體、時髦的配色。此外，熊貓罕見獵殺其他的動物。還有，牠們平時常見的姿勢——挺起上半身坐著，手掌抓著竹子，一副老僧入定的表情，或是用內八字走路，走得東倒西歪，不時搖一搖扁扁短短的尾巴——完美的動物就這樣誕生了。

國家動物園的哺乳動物管理員布蘭迪・史密斯（Brandie Smith）喜歡說，熊貓是動物界的「鮮味代表」，無論如何就是美味。這麼說，好像人類擁有某種相當於味覺受器的熊貓感偵功能，讓我們光是看到熊貓就會心花怒放，不管牠是在呼呼大睡，還是蜷成一球，什麼也沒做，只是當一隻熊貓。

熊貓如果很單純，說不定還不會這麼令人驚奇，偏偏熊貓怪癖多多，很是挑剔。牠們是絕無僅有、版本限定的一種動物範本，儘管動物學者數十年來不斷觀察研究，許多祕密仍被牢牢守著。就連熊貓到底是什麼——比較接近熊，還是浣熊，又或是全然不同的物種？這個基本問題至今仍莫衷一是。

一九八五年，國家癌症研究所（National Cancer Institute）的史蒂芬．歐布萊恩（Stephen O'Brian）發表研究，利用分子鑑定確定了熊貓屬於熊科，但牠們是一種奇怪的熊。例如其他的熊是掠食動物，而熊貓卻不是。（熊貓吃其他動物的例子希罕到值得大肆報導，中國曾有人撞見一頭熊貓撿食狀似山羊的動物屍體，當地媒體以頭條一連報導了好幾天。）熊貓也不像其他的熊會冬眠，也不會發出熊吼聲。史密斯給我看了一段寶寶接受動物園獸醫師檢查的影片，寶寶發出的叫聲完全就像青少女用帶著鼻音的高音「哇——！哇——！」哀鳴。就算成年後，寶寶也只會發出像美麗諾綿羊一樣的咩咩叫聲。

成長過程中，寶寶還會長出動物王國中少見的靈活對生拇指。牠會用拇指撕取最愛吃的竹葉。性成熟後，牠一年會有一次發情期，每次僅持續一到三天，只有這段時間，牠才會對其他熊貓難得地表露出一絲絲興趣——可見我們這麼喜歡的熊貓，事實上不怎麼喜歡彼此（牠們不大容許別的熊貓待在自己附近。）

匆促交配過後，母熊貓會分泌大量激素，看似表示懷孕了，但其實不論受孕與否，激素都會大量分泌。也因此，熊貓是真懷孕還是「假性妊娠」幾乎不可能判斷，要到約四個月後小熊貓出生（或未出生）才見分曉，這也是為什麼，圈養下的熊貓假如可能真正受孕，預產期將至時，總會令眾人屏息以待。

這和大家關注王室寶寶的誕生很像，只有一個最大的不同：劍橋公爵夫人若宣布懷孕，毫無疑問是真的懷孕；反之如果是熊貓，小寶寶沒生下來之前，一切都是猜測。簡言之，熊貓是包裹在謎團中的經典謎題，包裝成最可愛的樣子降生在世界上。

* * *

近年來，圈養的熊貓多來自人為繁殖，而非野外發現，例如美香的寶寶就是人工授精下的圓滿成果。美香和動物園的公熊貓天天，雖然不時也會自然交配，但雙方都不太擅長，所以為了保險起見，每到美香的發情期，動物園的獸醫團隊也會以人工方式授精。

從熊貓館穿過動物園園區來到一間擁擠的小房間，實際負責執行人工授精的生殖生理學者皮耶・柯米佐利（Pierre Comizzoli），打開幾個小金屬箱給我看，箱內裝著園內許多物種的冷凍精液，包括寶寶的生父天天的樣本。熊貓奇妙的特點很多，還有一個就是精液非常耐寒。比如跟公牛的精液相比，熊貓的精液就算以超低溫保存在攝氏負兩百度仍能保有活性。同樣奇妙的是，這麼強壯耐寒的精子所產出的幼獸體型，以比例來說，在動物世界卻是數一數二的小：一百一十多公斤重的大熊貓，生下的幼崽卻大概只有一條奶油大小，和陶瓷娃娃一樣脆弱無助。

＊ ＊ ＊

熊貓算是大自然在演化上犯的錯嗎？因為熊貓數量稀少，習性又奇特——食性挑剔、生殖期短暫、幼獸體型瘦小，有時的確讓人有這種感覺。但其實不見得。熊貓食性單一，但牠選中的這一種食物恰巧是地球上最豐產的一種植物。當然，竹子仍是一個奇特的選擇，但科學家也發現，竹子原本其實不是熊貓的第一首選。熊貓的祖先曾是食肉動物，是鬣狗、劍齒虎和獾的遠房親戚，熊貓的消化系統也適合肉食，不像牛等草食動物有複數個胃和長長的消化道，所以熊貓雖然吃很多竹子，其實消化吸收效率並不高。

那為什麼不延續肉食？顯然熊貓在演化過程中失去了對高蛋白質食物的味覺受器。說得簡單一點，就是肉再也引不起食慾了。科學家尚不確定原因，但無論如何，結果就是熊貓養成了愛吃綠葉的胃口。也幸好，熊貓的棲地遍布竹林，足供牠們吃得圓圓胖胖，但成年熊貓幾乎必須一直不停啃食竹子，才能維持體重。

熊貓的生育期短暫讓設法幫助牠們受孕的獸醫師傷透了腦筋，但其實在野外，熊貓的繁殖並未遇上困難。牠們是棲息在邊荒地帶的物種沒錯，但牠們在這些邊荒地帶過得很自在——我是說，至少在人為開發壓縮了牠們的棲地之前。中國針對野生熊貓數量所做的最新調查，傳聞有好消息，這表示熊貓並非無法適應環境的物種，因為自身習性古怪而導致數量衰減。反而應該說，熊貓這種奇特的動物其實在各方面都與棲息環境精妙調和，所以環境一旦有一丁點的變動，都會使其族群遭受危害。

＊　＊　＊

我們在圈養環境一看見熊貓，就被可愛沖昏了頭，很容易忘記那些我們看不到的熊貓，那些繼續在野外獨居林間、啃嚼竹子，隱身在中國白雪皚皚的嶙峋山脈之間，幾乎完全不為人所得見的野生熊貓。

「史密森尼生物保護研究所」（Smithsonian Conservation Biology Institute）位於維吉尼亞州的夫隆洛雅（Front Royal），我在這裡見到幾位研究員，他們一共十多人，全都將生命貢獻在操煩熊貓的未來。物種存續團隊的總召大衛．威爾特（David Wildt）說，他們的工作通常平淡乏味，有時還吃力不討好。研究人員常常冒著惡劣天氣翻山越嶺長途跋涉，最後只看到數之不盡的熊貓排遺，卻沒見到半隻熊貓。

當然，就算只是糞便，也蘊含了很多學問，但怎樣也比不上親眼見到這種近乎奇幻的動物來得喜悅，尤其若能在熊貓的地盤上見到牠們，該是何等的歡喜！演化的奇妙方程式創造出像熊貓這樣奇特不凡的生物，同時也在人類心中誘發一股強烈的渴望，只要有機會就想一睹熊貓。

＊＊＊

當然了，這個領域的科學家偶爾還是能交上好運。我在夫隆洛雅見到的一名研究員，名叫王大軍，是來自北京大學的研究工作者。他在史密森尼研究所接受相關訓練後，與物種存續團隊合作，大多數時間都在中國西部的保育區追蹤記錄熊貓。他向我解釋，野生熊貓之所以難得罕見，一來是因為棲地位處偏遠，難以抵達，二來是因為熊貓習慣獨來獨往，並不是因為熊貓懼怕人類；事實上，熊貓其實好像不怎麼介意人類。

王大軍說著說著不自覺地咧嘴傻笑，接著告訴我，他追蹤的一隻母熊貓，後來看見他便特別放心，乃至於某個春天早晨，她居然率著小熊貓走向他，隨後停下來作勢要他替她看顧孩子，好讓她去找東西吃。

同行的另一位科學家拍下了大軍提供熊貓托兒服務的情景，現在這個影片已經上傳到了YouTube。看著影片，你會驚奇於小熊貓竟能在大軍身邊自在打滾嬉戲，也會為大軍臉上流露的純然喜悅所感動。他一會兒搔著小熊貓的肚皮，一會兒使勁拔出被小熊貓好奇抓住的衣袖，甚至一度把小熊貓抱在半空中，共舞了片刻的華爾滋。

「那可真是，」大軍在影片的YouTube頁面寫道，「我平生最美好的時光。」

13 狗兒失蹤記

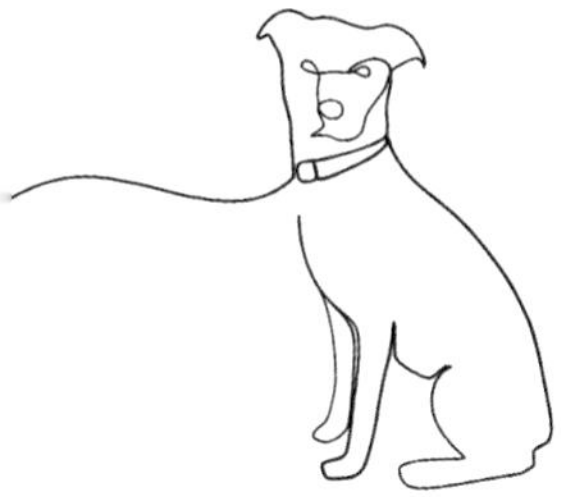

二〇〇三年八月六日，史蒂芬・莫里斯（Stephen Moris）在「亞特蘭大歷史中心」（Atlanta Historic Center）停好了車，預計接下來半個多小時要和外甥一起認識南北戰爭的細節。這天才剛要展開，後來才知道，這將是悲慘的一天。然而，起初一切看來都很順利。

莫里斯五十多歲，以中年男子來說肌肉發達，頭上生著蓬亂的淺棕色頭髮，散發一種非實踐型學者特有的審慎氣質。他正忙著完成他的博士論文，題目是威廉・楊（William Young）的生平考據，這位十七世紀的作曲家曾在奧地利因斯布魯克大公的宮廷內工作。

莫里斯的外甥是個青少年，從加拿大卑詩省來探望他，莫里斯特意拋開論文休息一天，帶著外甥出門遊覽亞特蘭大的景點。

莫里斯的太太貝絲貝兒肩膀寬厚，是個冷面笑匠，她沒和丈夫一起出門，因為她還得去疾病管制與預防中心上班，她是個流行病學者，專攻肝炎，目前在疾管中心擔任資深調查員。這天，她還得忙著調查在即興樂團演唱會參加者之間爆發的沙門氏桿菌感染。

莫里斯很輕鬆地在歷史中心找到了停車位。三層樓高的戶外停車場雖然不大，但還有很多空位。入口上方的告示牌透露著不祥的徵兆：「協助我們維護車輛安全，重要財物請勿留置車上。」但先不論警告，歷史中心位於亞特蘭大市的伯克海德區，這是一處欣欣向榮、綠蔭濃密的街區，人和車輛在這裡通常都很安全。何況莫里斯和貝兒的車只是一九九年產的富豪牌旅行車，傷痕累累但還堪用，不是那種會招引目光的車。

唯一值得注目的只有車上的物品：莫里斯和貝兒養的狗柯比，這是一隻裝了人工髖骨還少了顆牙的邊境牧羊犬，以及一把很不錯的古提琴（viola da gamba，又稱維奧爾琴），是莫里斯身任美國古提琴學會（Viola da Gamba Society of America）的外租企劃主任，基於職責代為看管的琴。

八月六日這一天悶濕炎熱。為了柯比著想，莫里斯下車時關緊了窗戶也鎖上車門，但引擎沒有熄火，好讓冷氣維持運作。他身上多帶了一把車鑰匙。這是在南方氣候下照顧寵物的基本常識，如果你在戶外停車時必須把狗留在車上，不想回來發現狗被烤成熟肉，你就得這麼做。但是車輛閒置無人，車鑰匙插著，又停在相對空曠的停車場裡，不免會對某一種人形成難以抗拒的誘惑。只是不管誰在附近見到了這樣的人，也不會對他有什麼印象。

莫里斯和外甥在博物館潔白涼爽的展廳內逛了一會兒，對各州內戰匆匆評論了一番，然後準備要離開了。他們走回停車場，卻遍尋不著車子。一開始還以為是不是記錯了停車位置，他們找遍了整座停車場，最後又回到他們確信最後停放的地方。看來不用懷疑，他們的富豪旅行車，連同車上的古提琴和狗，真的被人偷了！現場只留下一灘泛著晶亮藍光的碎玻璃。

大亞特蘭大地區每天約有八十部車輛失竊。數字增減平穩，不算特別突出，該市的車輛失竊率略低於休士頓，略高於西雅圖。除了車子本身以外，大多數汽車竊賊額外獲得的贓物，不外是些車上常見的物品——可能也就是一兩卷錄音帶、一些速食殘渣，或一罐快用完的空氣芳香劑。不過這回莫里斯和貝兒的車上有罕見的戰利品：一條狗和一把古提琴。偷車賊很可能根本沒注意到這些東西。大白天發現一輛還插著鑰匙的車可以據為己有，他可能興奮都來不及了。

丟失了那把古提琴（十五世紀古樂器的仿製品，做工精良，價值數千美元），莫里斯和貝兒很是苦惱，丟失車子他們也很不開心，但這些和丟失狗的心情相比都是芝麻小事。警察趕抵歷史中心以後，莫里斯第一時間向警方陳述的供詞甚至沒有提到古提琴，倒是反覆說了好幾遍柯比被綁架了。

* * *

通常來說，養狗的人都是愛狗的，莫里斯和貝兒更是對柯比用心良多，一路以來照顧他度過許多危機。夫妻倆第一次看到柯比，是在喬治亞州鄉間騎單車的時候，意外遇上牧羊人在路上趕羊。他們當場為之著迷不已，馬上詢問飼主這隻狗是否願意出售。飼主告訴他們，她已經先答應別人了。貝兒不死心，過了幾天又聯絡飼主，說不定預計接手的那位主人會改變心意。結果，改變心意的是飼主：這位飼主想了想，決定自己留下這隻小狗。然而，莫里斯和貝兒堅持不懈，千拜託萬拜託求情了一整天，飼主終於答應把柯比賣給他們。

柯比長大後，出現了髖骨發育不全症，需要花四千美元動手術置換單側髖骨。到了兩歲半，柯比玩拋接遊戲又意外撞斷一顆牙。後來還有一次，柯比接棍子的角度不對，棍子從喉嚨卡進氣管幾毫米。將柯比從棍子之災救回來的獸醫，喜歡戲稱他是九命怪狗。但至少，現階段的柯比是一隻毛髮豐厚的狗狗，耳朵豎得老直，肩膀肌肉緊繃，目光警醒，展露出隨時想跳起來抓取東西的姿態。

柯比對撿拾橡皮彈跳玩具有無比的熱忱，從來不覺得累，卻累壞了身邊的人。他在貝兒和莫里斯的院子草坪上磨出一條凹陷的泥徑，一頭是兩夫妻扔玩具時喜歡站的地方，另一頭是柯比喜歡趴著等待接玩具的位置。多虧柯比，莫里斯鍛鍊出投手般的健臂，投到沒力氣以後，他會語氣堅決地說：「今天就到這裡了，柯比。」

＊　＊　＊

狗狗連同車子一起失竊，所產生的問題是這樣的：狗用四條腿奔跑，一小時頂多走八公里，但狗若坐在車上，每小時能移動九十到一百公里。假設柯比跳出車外，從歷史中心往外走，我們可以根據他可能的步速畫出一個圓，那就是柯比可能所在的範圍。但假如狗一直在車上，我們就無從得知他的去處了。不到一兩個小時，柯比可能已隨車子越過州界，進入阿拉巴馬州、南卡羅萊那州或田納西州。

流行病學對於尋找失蹤的柯比頗有幫助。當天傍晚，貝兒在疾管中心的幾名同事加入他們一起出發，到占地三十三英畝的歷史中心及周邊區域搜尋。「我們處於調查的假設生成階段。」貝兒說。「我們首先提出假設，猜測柯比可能還待在歷史中心。」貝兒假設偷車賊並不想要狗，只對車有興趣，所以一發現車上的柯比，就會讓他下車，這個推論應屬合理。她的第二個假設是，偷車賊打破玻璃闖進車上，柯比可能趁隙逃走。依照這兩個假設，柯比應該還徘徊在歷史中心一帶。

他們因此來到圖莉史密斯農莊（Tullie Smith Farm），這座建於南北戰爭前的農園位在歷史中心的土地範圍內，特點是至今仍有身穿棉布裙的女佣手工攪打奶油及滴製蠟燭，園內也養了一小群綿羊——邊境牧羊犬喜歡綿羊。這的確是夠直接的推理了吧！

這一群流行病學者當然二話不說入園尋犬。沒找到柯比。他們隔天又去了一趟。「我們到處都沒看見柯比，但我們攔下了每個經過的人，得到一些有趣的回應。」一名搜索人員告訴我。「我們接近一位老太太，問她有沒有見過狗狗，她說沒有。接著，她說她也剛和家人走丟，問我們有沒有見到他們。」

搜索隊繼續努力沒有放棄。他們倉促印製了一些傳單貼在路燈柱上，也四處檢查垃圾桶和垃圾車，那是所有飢餓的狗可能會去的地方。他們揮手攔下行經西佩斯渡輪路（West Paces Ferry Road）

附近的每一輛車，也在歷史中心的瑪麗霍華吉伯特紀念採石園（Mary Howard Gilbert Memorial Quarry Garden）內的維多利亞玩具屋和天鵝林道之間來回搜尋。週三當天，他們一直搜索到晚間十一點，週四又連續搜索了一整天，但就是沒有狗，也沒有狗的蹤跡。

＊　＊　＊

狗兒走失有千百種情境。可能尾隨上門討糖果的小朋友溜出門，或從籬笆底下鑽出去；可能追著麻雀和鴿子，不知不覺就走遠了。有的狗還是累犯。我最近才聽說喜伊和杜威的故事，他們是麻州一對喜樂蒂牧羊犬兄妹，某一次因為不想去看獸醫，出門就鬧彆扭就跑走了。四十三天後，喜伊被一名搜索志工尋獲，但杜威呢，唉，從此一去不復返。初嘗流浪滋味的一年半後，喜伊這一回又在前往養狗場的路上鬧了彆扭。她在四十八天後被找到，與逃走的地點相距僅幾公尺。

有些以為永遠找不回來的狗，有時會在意想不到的地方再度出現。舊金山有一隻能用頭頂倒立的杜賓犬走失了。三年過去，主人因為一個機緣巧合才又找到他。她在一間餐廳湊巧聽到服務生說室友新養了一條狗，是杜賓犬，而且會用頭頂倒立。後來一看，果然就是她走失的那隻杜賓。

美國寵物產品製造商協會（American Pet Product Manufacturers Association）統計，截至二〇〇三年，全國共有六千五百萬隻寵物狗，每年走失者估計有一千萬隻，其中約半數能找回來，其餘或者去到新家，換上了新的名字，或者遭遇車禍或其他事故身亡。但也有很多從此消失得無影無蹤。

寵物照顧是年產值三百四十三億美元的超龐大產業，犬隻辨認裝置也是產業之中的一大分支。這些裝置被懸掛在項圈上，有愛心、星星、消防栓等等形狀，材質有鋁、金、不鏽鋼，甚至鑲嵌水鑽的名牌都只是基本款，晶片名牌的生意正在崛起。所謂的「晶片名牌」是一種米粒大小的資訊儲存裝置，可以皮下植入到動物的肩胛骨之間。

寵物晶片首見於八〇年代初，總部位於加州諾科的「愛維辨識系統」（Avid Identification Systems）是全球最大的一間寵物晶片公司，國際資料庫中至今已登錄超過一千一百萬隻寵物。另一家大型寵物晶片供應商HomeAgain，目前有將近三百萬隻動物植有該公司的晶片。位於紐約耶利科的GPS Tracks公司，研發出全世界第一款犬隻用全球定位系統，拳頭大小的發報器取名為GlobalPetFinder（全球尋寵器），裝到寵物的項圈上，每隔三十秒就會發送一次當前所在位置到指定的手機或電腦。而早在該公司正式發表產品前，已有超過三千名顧客排隊預購。

「有天晚上，外面滂沱大雨，我家的狗卻跑不見了！孩子哭得歇斯底里。我心想，不能再這樣下去了。」GPS Tracks創辦人兼執行長珍妮佛．杜斯特（Jennifer Durst）說，「既然車子有防盜裝置LoJack，狗為什麼不能也有個LoDog？」

* * *

只可惜，柯比既未植入晶片，也未配戴全球尋寵器的預售原型機，他甚至連自己的狗牌都沒戴，名牌是辨識走失動物常用的方法。柯比的狗牌印有名字和聯絡電話，平時都扣在尼龍項圈上，但貝兒和莫里斯每晚都會解開項圈，讓柯比可以舒服地裸睡，早上再把項圈戴回去。偏生不巧，莫里斯那一天還沒替柯比戴上項圈，他認為逛逛博物館很快就出來了，何況柯比會待在安全又舒適的車上。這代表狗兒現在不只流落在外，而且還身分不明。所有能辨明身分、幫助柯比早日回家的東西，全都收在門後的籃子，留在貝兒和莫里斯位於亞特蘭大市郊不規則形狀的錯層式房屋裡。

眼看星期三晚間搜尋無果，貝兒決定加快進程，進入爆發調查階段——換句話說，平日如果是分析疾病傳染途徑，比如調查懷俄明州甲基安非他命用藥者之間傳播開來的一波疾病，她有一套專業方法，現在可以用來尋狗。

她和莫里斯廣發傳真給亞特蘭大地區的動物收容所、地方救援團體和鄰近的獸醫診所。網路上有數不盡的寵物協尋網站，他們也盡可能把柯比的資訊都上傳上去。他們印製了數百張傳單，從星期四開始張貼在人寵密度高、對動物敏感度高的區域，例如寵物商店的停車場。他們也沿著桃樹路張貼傳單，這條路斜向穿過亞特蘭大東北部，眾多熱鬧的餐廳和酒吧都在這條路上。貝兒推論，這條路是市內少數的行人徒步區，來往路人的速度夠慢，比較可能湊近細讀失蹤狗兒的傳單。

他們馬上就收到了回音。住在昆內特郡北部、車程約一小時外的一名女性打電話來，說她發現一隻狗，外型大致符合對柯比的描述。貝兒和莫里斯驅車趕去看，那的確是一隻邊境牧羊犬，只不過是別人走失的狗。還有一名女性從阿拉巴馬州來電，但聽她的敘述，她找到的是一隻小白貴賓狗。電話整天響個不停：有的通報看到狗了，有的熱心提供建議，但也有很多是剛失去狗的人，打電話來只是想要取暖。貝兒和莫里斯的電子信箱也湧入郵件：

嗨，我是艾美……聽說了這件憾事，我深感遺憾。

說不定竊賊在巴克海姆就放他下車了，但誰知道呢？

好奇這麼個大熱天，你們怎麼會把狗留在車上?!

很遺憾你們的狗失蹤了，真教人難過。

＊　＊　＊

週四和週五兩天，貝兒和莫里斯走遍亞特蘭大各地的動物收容所，確認柯比沒有和迷路的㹴犬和米格魯一起在市區收容所裡乾等，也沒有和鬥牛犬和獵犬在郊外的收容所裡萎靡憔悴。貝兒也體認到，雖然覺得遺憾，但或許是時候去向市政府裡倒楣分派到記錄每日路殺動物的員工問問看了。「只要是尋找東西，你永遠不曉得最後找到的會是什麼。」她說，「但我從工作經驗裡知道，該問的問題還是得問。」

該不該另尋協助，是他們面臨的另一個問題。寵物走失的飼主群體龐大，形成了頗具規模且往往免成本的需求市場。國內最知名的失蹤寵物協尋偵探，夏洛克．骨爾摩斯（Sherlock Bones），就以體重計費作為收費基礎入行。骨爾摩斯的本名叫約翰．基恩（John Keane），他當初因為厭倦了保險業的工作而決定自行創業，但他不確定該做哪一行，直到有天，他湊巧看見一張協尋走失吉娃娃的傳單。基恩說，那張傳單有如天降啟示。

「那隻走失的吉娃娃懸賞一千美元。」他告訴我，「我心想，那大概等於半公斤五百美元。」基恩在一九七六年創立了「骨爾摩斯」，以華盛頓州的瓦舒格爾作為調查總部，每年約可接到五百件協尋失蹤狗隻的案子。他以前會做地面搜索，但現在改而只為失去愛寵的主人提供諮詢和材料，所謂材料，主要是張貼用傳單和郵寄用傳單。

「實地搜索壓力很大。」他一早帶著自己的狗兒（法國伯瑞犬）散步，一面和我通電話，聲音略有些氣喘吁吁。「你面對的是陷於危機的人。」他接著說：「這是很嚴肅的事業，因為除非幸運，不然只要過了八小時，飼主就很難只靠自己找到寵物，他們需要握有正確資訊的人從旁協助。你不會去找猶太拉比學打棒球吧。」基恩說，他的專長是尋找狗和貓，「罕見的動物我概不經手。雖然有一次，我真的替一隻走失的羊駝製作傳單。他的名字叫費南多。」

貝兒和莫里斯決定，如果到了星期一仍無斬獲，那就聯絡骨爾摩斯。同時，他們也聯繫上一位犬隻搜索志工黛比．霍爾（Debbie Hall），她隸屬於由全國志願人士組成的一個鬆散團體，可免費協尋走失的寵物。黛比指導他們重新設計傳單，以獲得最大的效力。她建議他們除了描述狗狗，可以把車子的外型敘述也加進去。此外，還寄了一份詳盡的寵物搜索建議給他們，文件足足有八頁長。

黛比和丈夫住在麻州東南部。兩人養了一隻約克夏混吉娃娃犬和一隻約克夏混貴賓犬，家裡還有三隻長尾鸚鵡，其中兩隻是友人送的禮物，第三隻八成是誰家走失的寵物，因為鸚鵡有一天自己出現在她家的院子。霍爾家裡有一整個房間，全都堆滿了寵物偵探的配備——一疊迷彩服、好幾個誘捕籠、六本筆記簿，裡頭詳細記錄了黛比的每一次搜索。

為了協尋案件，黛比有時徹夜都待在外面。「這工作很折騰人，但我喜歡。這是我人生中少數做得好，好到能稱為職業的事。」她解釋。然而，並不是次次都很順利。她在維吉尼亞州協尋一隻德國牧羊犬時，曾被人拿槍指著頭，還有一次不慎把自己關進一點八米的誘捕籠。最慘的是，她不知花了多少日子在悼念那些找到時已經身故的狗。「想到還是會心痛。」她翻開筆記簿裡記錄的第一個案件，蒂亞，一隻離家出走的邊境牧羊犬，最後找到時已經溺水死了。「但我總是樂觀以待，我相信你一定能找到你的狗。」

＊＊＊

星期六深夜，柯比失蹤已經三天，貝兒和莫里斯回家小歇。不料有個年輕人走在桃樹路上看到張貼的傳單，打電話來告訴他們，他幾天前在市區一座公園打橄欖球，看到一隻狗狗長得就像柯比。他跟貝兒說，當時有個男人帶著那隻狗在公園裡走來走去，逢人就說剛才有人把狗扔在這裡。

星期天一早，貝兒和莫里斯第一件事就是前往公園。所謂公園只是一塊了無生氣的空地，位於市內稱為「舊四區」（Old Fourth Ward）的頹敗區域。附近有帳幕浸信會教堂和西奈山浸信會教堂，此時主日禮拜剛結束，會眾正魚貫走出房屋，貝兒和莫里斯見機上前攔下他們，問他們有沒有見過一隻狗，但誰也沒見過。夫妻倆離開教堂，走上舊四區西側邊緣寬闊的布勒瓦大道，途中見到一群男人在超市的停車場賭骰子，還有的人在寫著「私人土地，請勿坐在牆上」的告示牌前方閒晃。他們見人就發傳單，問問有沒有見過柯比。

「這隻狗在我兄弟那裡。」有個男人告訴貝兒。「你給我兩塊錢，我就去找他。」另一個人則說，他和這隻狗玩過一會兒你丟我撿，但不記得是什麼時候，也不記得在哪裡。

貝兒和莫里斯繼續發出更多的傳單。有個年輕人從人行道上經過，拿了一張傳單，走沒幾步忽然又回頭來找他們說話。他自我介紹叫克里斯．沃克（Chris Walker），說起他不知道狗的下落，但如果是車，他可能知道一些事。他說這幾天在公園附近見過這輛車，而且他認識那個開車的人，因為他們幾個月前曾經一起被拘留在警局裡。

「克里斯這個人，真的有科學家的腦袋。」貝兒語帶稱許。「他不知道那傢伙的名字，但他記得當時一起拘留在警局的只有三個人。一個是埃及人，一個是老人，第三個就是那個偷車賊。所以，我們只需要向警局取得拘留紀錄，排除掉埃及人和老人，就知道偷車賊的名字了。」

沃克催促他們立刻聯絡警察，似乎急著想要證實他的說詞。夫妻倆撥電話報警。沃克陪他們等了將近一小時，終於有一輛巡邏警車答話。但員警在車上沒有電腦，無法當場調閱拘留紀錄，沃克聽了非常不滿。他一心想證明自己的情報無誤，甚至甘願陪貝兒和莫里斯到附近的警察局去，看看那裡的員警能不能調閱紀錄。結果員警死活不肯幫這個忙，但他相信沃克說的是真話，他建議夫婦倆聯絡藍衣小隊（Midtown Blue），這是警察於非值勤時間組成的保全組織，他認為或許能幫上他們。

貝兒和莫里斯給了沃克一點錢答謝情報，但沃克好像對於確定他們會否循線索繼續追蹤比較感興趣。「克里斯也背負了家族的詛咒。」去年夏天我前往拜訪，克里斯的叔叔李哈里斯告訴我，「這個家族的人總是不惜兩肋插刀，也想幫助痛苦的人。」那個星期日下午，沃克揮別貝兒和莫里斯以後，跟一名員警起了口角。星期一他打給貝兒，好奇她有沒有找到車，對話中不經意透露了他是在拘留所裡打的電話。

＊　＊　＊

沃克的說詞看似難以置信，但貝兒和莫里斯相信他確實見到了失竊的車。綜合年輕橄欖球員在電話上的說法，他們漸漸懷疑，偷車賊可能在公園放狗下車。貝兒和莫里斯前往公園球場附近的淺坡，去找那裡的幾個流浪漢攀談，他們平時都睡在一小片橡樹林下，公園有誰進出，他們想必應該都會看到。結果，每個聊過的人都說記得見過柯比。

隔年夏天我到亞特蘭大來採訪柯比的故事，同樣的人依然有些住在公園裡。我在熱到汗流浹背的一天走訪那個公園。各種聲響在公園內四處彈跳：有人正無精打采地對牆練習網球，公園另一頭正在進行足球比賽，悶濕的空氣裡隱約能聽見歡呼和叫喊。水泥涼亭下，有個男人坐在陰涼處的長椅上，輕輕撥著一把用膠帶黏合的吉他。他告訴我，他的名字叫班・梅肯（Ben Macon），在公園已經住了十年。他說自己和柯比相處過幾天。他對狗兒的描述非常精準，小至柯比犀利的目光，乃至於玩拋接遊戲時像掠食者一樣趴伏在地的姿勢，他都沒有漏掉。

「那隻狗真的很不可思議。」梅肯說。「他懂得跟你玩，可以和你做朋友。你看得出來，他是一隻很親人的狗。」梅肯隨意撥了幾條弦，然後倚靠著吉他。「我要是有個地方住，也想養隻那樣的狗。不過養狗的人，都是有好工作的人。」他沉默半晌才開口補上一句：「像那樣的狗啊，會給你一種溫暖的感覺。我很想念他。」

＊　＊　＊

星期天，貝兒和莫里斯花了幾個小時在公園內外及布勒瓦大道前後搜索。傳單不知道發了幾張，告示也不知道貼了多少，終於他們決定喘口氣，回家洗澡順便吃點東西。誰知才剛到家不久，電話就響了。話筒另一頭的女生說，她和男友星期六在路上撿到一隻沒有項圈的黑色公邊境牧羊犬，狗狗當時在布勒瓦大道上追著一顆網球。他們之後一直透過救援團體想替狗找回主人，但都苦無結果。打電話的當下，他們開車載著狗狗正要去看獸醫，因為他們決定自己留下來養，沒想到在路口等號誌燈的時候，恰巧就看到了貝兒和莫里斯張貼的告示。那張告示貼上去可能還不到一個小時。

打電話的女生叫丹妮兒．羅絲（Danielle Ross），她建議夫妻倆到獸醫診所和他們碰面。掛斷電話以後，羅絲決定用尋狗啟事上的名字叫喚車上的狗狗，只是想看看牠有沒有回應。狗狗看上去還算健康，只是徹底累壞了。第一次她的發音不對，叫成「寇比」，狗狗文風不動。第二次她換個發音，才叫了一聲「柯比」，狗狗立刻坐直身子，繃緊了神經。等到羅絲抵達獸醫診所，她知道柯比終於要回家了。

貝兒和莫里斯開進獸醫診所的停車場，隔著擋風玻璃就看到了那隻狗。他們一眼就認出是柯比沒錯。柯比雖然已經筋疲力盡，還是立刻奔向門前迎接他們。

＊　＊　＊

回家以後，他們對柯比極盡寵溺，並且不斷回想發生了哪些巧合，終於讓柯比得以回到他們夫妻倆的身邊。

沒過多久，電話響起。警察先是表明身分，接著表示有消息要告訴他們。日前發生一起車禍，駕駛肇事逃逸，肇事車輛被警方扣押，經查後是他們的車。貝兒和莫里斯隔天前往警局取回車輛，對方先是說他們可能搞錯了，警方扣留的汽車中沒有一輛符合他們的車身識別號碼。但後來員警重新確認紀錄，終於確定車子確實在警方這裡，只是能取回的部分並不多，因為車子已經撞了個稀巴爛。

柯比和車子都有了著落，貝兒和莫里斯覺得他們可能運勢正好，現在只剩下找回古提琴了。他們決定翻黃頁電話簿查詢當鋪。亞特蘭大地區的當鋪總共有近三百家，於是他們集中火力，只找開在柯比待過的公園附近的店家。其中一家叫傑瑞當鋪，樂器有在專門收購的項目之列。

這的確是孤注一擲，希望不大。單單只算亞特蘭大市中心，每個月被典當的物品也有上萬件，何況他們的推論只建立在一連串的猜測上。首先，那名偷車賊得要決定拿樂器換現金。再來，他要選擇透過當鋪典當。第三，他還要剛好選中公園旁的這家當鋪。但這個推論看起來邏輯牢靠。莫里斯打電話到傑瑞當鋪，問對方是否見過一把古提琴。賓果，不久前才有一個小夥子拿琴來典當了二十五美元。貝兒和莫里斯飛車駛向傑瑞當鋪。

傑瑞當鋪收到的那把琴，正是莫里斯保管的古提琴。那麼，那個拿琴來典當的人呢？「哈，我看他也覺得不像是個會彈古提琴的人。」經手交易的比爾．漢索（Bill Hansel）回憶說。據漢索說，那個男人看起來很年輕，急著要走，只想把琴直接賣斷，沒打算要再贖回。喬治亞州的法律規定，與當鋪買賣者皆須留下指紋和身分資料。警方後來追查這個不像會彈琴的人留的地址，結果找到的是一間空屋。

＊＊＊

到這個節骨眼上，警方肯定已經知道了竊賊的姓名，畢竟除了寫在當鋪的收據簿上，先前他和克里斯·沃克一起被關的拘留紀錄裡也一定有。何況汽車上、古提琴上、當鋪的收據簿上都有他的指紋，說不定柯比身上也有。

但這名小賊依然逍遙法外。車子被拖去報廢場之前，莫里斯最後又檢查了一遍，看看還有沒有他或貝兒的物品遺留在裡面。車裡已經沒有了夫妻倆的物品，不過竊賊倒是留下了幾件衣物、一堆電腦零件、幾張女朋友給他的紙條、一首他寫的詩，以及一疊地址標籤貼，印的全是某個別人的名字。

14 驢子去哪裡

我永遠忘不了那頭驢子，在摩洛哥古城非茲（Fez）的老城區，拐過街角，迎面往我走來，背上捆著六部彩色電視機。如果我有辦法確切告訴你，我是在哪個路口遇見牠的，我一定會跟你說。但要在非茲古城精準指出一個位置，簡直比登天還難，有點像是妄想在一張蜘蛛網上註明GPS座標。

我如果懂得利用太陽方位來推斷位置，或許能更準確推估看見驢子的地點，偏偏我不會。何況在那裡根本看不到太陽，天空也偶爾才瞥見一線，因為舊城區陡直的土牆從四面八方近逼，房屋左右上下都堆疊緊密，看起來像是用同一塊巨岩鑿出來、而非分別蓋出來的；屋牆簇生之密集，將摩洛哥泛著銀光的湛藍天空給遮去了大半。

倘若非要我告訴你看見驢子的地點，我只能說，我遇見驢子的那個路口，一條小路只有一張浴室腳踏墊那麼寬，另一條路稍寬些，姑且比喻作浴巾好了。昔日先知穆罕默德建議一條路的寬度至少應能容下三頭驢子並排，或約七腕尺寬，但我猜非茲古城的道路泰半都低於這個標準。

這些道路是由創建王朝的伊德里斯一世（Idris I）鋪設於西元八世紀末，也是伊德里斯王朝將伊斯蘭教普及於摩洛哥的時期。既然路窄巷狹，那麼隨意走一走就撞到人或手推車，可說一點也不奇怪。甚至可以說，「碰撞」就是你的前進方式——你不像行人，倒像一顆彈珠，先撞上一個靜物，再彈向另一個，驚險閃過正在墓碑上刻鑿姓名的男人，卻一頭撞上正在晾架上曬羊皮的製鼓師傅，彈開後又撞向用手推籃車搬運行李往南行進的腳夫。

遇見驢子的那一次，這類的碰撞倒是影響不大。那隻驢子個頭矮小，肩膀只及我的腰部，不會更高了。它的前胸是倒三角錐的形狀，四條腿直而細長，蹄子很小巧，不比一個茶杯大。看不出是公驢或是母驢，牠的毛色就是驢子的顏色，換句話說，是柔和的鼠灰色，鼻吻毛色較淡，耳朵裡長出濃密的深棕色細毛。驢子身上背的電視機倒是很大，都是方正厚重的桌上型機種，而不是擺在廚房的那種手提式小電視。其中，四台電視堆放在驢子背上，用一大團理不清的塑膠繩和彈力繩纏繞固定住，另外兩台則繫在驢子側腹，左右各一台，像掛在腳踏車架上的置物袋。

驢子在搖搖欲墜的貨物下站得可直了，牠踏著平穩的步伐徐徐前進，俐落地拐過彎，轉進一條更窄小的路。小路坡度很陡，每一兩公尺就有一段高度陡上的小石階。我只在擦身而過時匆匆瞥見驢子的臉，但和所有驢子的長相都一樣，牠也長得討喜可愛，神情揉合了祥和、疲憊和決心。旁邊似乎有一名男子牽著驢子，但我太著迷於眼前的驢子，所以記不清了。

這場相遇發生在十年前，那我第一次造訪非茲古城。摩洛哥這個國度用繽紛的景象和聲音給人留下深刻的印象——丘陵綠野上遍開血紅的罌粟花、細磁磚在建築物外牆貼出華麗的圖案、清真寺傳來的哭禱、隨處可見芭蕾舞般旋動的阿拉伯文字。但在這一切眼花撩亂之下，我最記得的還是那頭驢子。是因為牠堅毅的表情嗎？可想而知，是的。但除此之外，也是因為我在那瞬間體會到，過去與現在原來能驚奇融合於一處——任勞任怨的瘦小動物在中世紀古城裡穿梭，馱負著一堆電子產品——我忽然相信，時間在前進的同時卻也靜止著，這是一件可能的事。至少在非茲，這看來就是現實。

* * *

就在卡薩布蘭卡的穆罕默德五世國際機場一英里外，四線道高速公路旁一幅行動電話業者的廣告看板下方，我看見一頭深棕色的驢子緩緩前進，四只裝得滿滿的大布袋用皮帶固定在驢背上的簡易鞍具上。這是我第二次造訪摩洛哥，才剛抵達，我就發現這個國家到處是驢子，牠們的作用就像引擎的小活塞，來來往往運送著人和物，對抗著緩慢席捲這個國家的現代化潮流。

在非茲，我看到驢子背著各種貨物在市區艱辛跋涉，有日用雜貨、瓦斯桶、一袋袋香辛料、一匹匹紡織物，也有工程材料。這個坐落於市中心的老城區可能是全世界最大的一片車輛無法通行的都會區，在這裡，凡是人扛不動或手推車運不了的東西，都交由驢、馬或騾子來搬運。

假如你需要木材和袋裝水泥為家中增建隔間，驢子會從老城區外的居家修繕商店運送建材給你。假如你施工時心臟病發，驢子會充當救護車揹你出去。假如你發現增建隔間仍解決不了家中人丁過多的問題，而決定搬去更大的房子，驢子會替你把財物和家具從舊家載到新家。你日常的垃圾是驢子收拾的；老城區的商店和餐廳進貨，靠的也是驢子；假如你決定撤離這個盤根錯節的老城區，驢子可以替你搬運行李，哪天你又決定回來了，也還得由驢子載著行李回來。

在非茲古城，往昔向來如此，往後亦將如是。因為沒有那麼小又那麼靈巧的車輛能在老城區的巷弄間穿梭，大多數摩托車也爬不上又陡又滑的小巷。非茲老城區現在是聯合國教科文組織頒定的世界遺產文化遺址，所以這些巷弄永遠不能拓寬，也永遠不會改建。驢子雖然可能會改載電腦、液晶電視、衛星天線、影音器材等等現代設備，但驢子本身永遠不會被取代。

那次從摩洛哥回國後，我就意識到自己愛上了驢子，牠們臉上那單純的溫柔、耐心聽話的態度，甚至是冥頑不靈的頑固性情，我都很喜歡。美國的驢子絕大多數被當作寵物飼養，悲觀和固執的性格簡直成了笑柄，來到摩洛哥我才明白，驢子所散發的忍讓氣息往往伴隨著一種疲憊乃至於絕望的淒涼神情。因為在摩洛哥，驢子是擔負著沉重勞務的役畜，而且乏人感謝。但親眼看到牠們充分地活出使命——不是為觀光客安排的新奇事物，而是實際融入摩洛哥人的日常生活，我反而更加喜愛驢子，哪怕牠們有的被跳蚤叮咬，有的被鞍具壓得瘀青，還有的操勞到骨瘦如柴。

* * *

我不是第一個為非茲古城的役畜動情著迷的美國女人。一九二七年，艾美．班德．畢夏（Amy Bend Bishop），美國一位離經叛道的富裕畫廊老闆之妻，遠赴歐洲與地中海沿岸壯遊，途中經過非茲，見到城內有近四萬頭驢子和騾子擔負各種勞務，激起了她的好奇心。這些動物可憐的處境令她於心不忍，她決定捐出八千美元——今日至少相當於十萬美元——在非茲設立一所免費的獸醫院，照顧城內勞動的動物。

這所獸醫院命名為「美國旅舍」（Ameican Fondouk）——fondouk是阿拉伯語，意思是旅舍。獸醫院短暫借用過幾處民房，後來搬到塔札路（Route de Taza）上一處庭院附近、一棟粉刷成全白的宅院裡；而塔札路是位於老城區外的一條繁忙公路。獸醫院就在這裡落地生根，一直營運至今，在非茲十分出名，就連非茲城內的動物也似乎有所耳聞。時常有無人陪伴的動物自個兒出現在獸醫院高聳的大門前求助。不知道為什麼，這些動物好像都知道在這裡能求得幫助。

比方說，就在我抵達的幾天前，聽說有一頭患了某種神經病變的驢子，獨自踉踉蹌蹌走進獸醫院——雖然很有可能是飼主趁著一大清早獸醫院尚未開門，把這些求助的動物扔在門前。但不只非茲這座城市，摩洛哥這個國家和美國旅舍獸醫院都有一種魔幻氛圍，我在非茲也就待了幾個小時，就覺得動物自己找路來到獸醫院的濃蔭庭院，好像也不是一件多麼不可思議的事。

卡薩布蘭卡到非茲的公路從原野和農田旁飛馳而過，途經拉巴特（Rabat）和梅克內斯（Meknes）這兩座熙攘的大城市邊緣，沿著金黃山丘和青青山谷上下起伏，山谷間金雀花生長茂盛，洋甘菊恣意綻放，花叢之間星星點點開著豔紅的罌粟花。公路看起來很新，乍看可以是全世界任何一處新闢的道路，但當你往下近距離細看，會發現有好幾頭騾子和驢子快步橫越陸橋，不用懷疑，這條路絕對位於摩洛哥。

摩洛哥國王穆罕默德六世（Mohammed VI）雖以首都拉巴特為政治據點，但是他頻繁地走訪非茲，所以不乏有人猜測國王可能打算遷都到非茲。國王蒞臨的影響明顯可見，十年前我第一次走訪非茲，看到的是灰塵漫天，土崩屋坍，嘈雜喧嚷，人車擁擠；但從那之後，宏偉的皇宮被修復了，如今至少有十來座噴泉和廣場沿著長而優雅的大道排列，不像以前只是一條歪歪扭扭且塵土飛揚的路——王室家族對這座城市的青睞促成了新的建設和開發。

前往獸醫院的路上，我路過一大塊挖開的空地，非茲阿特拉薩斯飯店（Hôtel Atlas Saiss Fès）很快將在這裡興建，路旁還有十多幅廣告立牌在兜售嶄新發亮的住宅建案，取的不外乎「快樂新世界」或「非茲新家園」這類名字。

不過，老城區倒還和我印象中一模一樣：沙丘色的房屋如蜂巢般緊密排列，小路繞著繞著就消失在陰影中；行人穿著帶兜帽的長袍，像一根根瘦長的圓柱，人群行色匆匆，不時側跨一步左閃右躲地在街巷中前進。整座古城內熙來攘往，人聲鼎沸。

我追在腳伕身後，他替我從車上搬下行李之後，就用一輛手推車推著走。想當然爾，我們的車只能停在老城區外，所幸他在美麗的藍門（Bab Bou Jeloud）附近找到一個車位（被城牆環繞的古城區有幾個出入口，藍門是其中一個。）我們才下車穿過藍門走進老城區。

沒多久，我就聽到有人大喊：「Balak，Balak！」——讓開，讓開！只見一頭驢子馱著幾個印有農產公司AGRICO商標的紙箱，從我們身後走近，驢子的主人邊吶喊邊不停地揮手，要民眾往兩旁閃開。沒隔多久，又走來第二頭驢子，背上搬運的是鏽橘色的瓦斯桶。接著又出現第三頭驢，牠身上套了鞍具，但沒有馱負任何東西，只是小心翼翼揀了個方向，走上最陡的一條小路。

就我看來，第三頭驢子是單獨行動的，前面沒人帶頭，後面沒人跟來，也沒有人在一旁指揮。我猜牠是不是迷了路或與指揮者走散了，於是我問了我的腳伕。他用錯愕的表情瞪著我，「那頭驢子沒有迷路，」他說，「牠八成是剛忙完工作，正要回家而已。」

* * *

老城區這些驢子平常都住在哪呢？有的住在城外的農場，每天被帶進城內上工，也有很多就住在老城區裡。抵達我下榻的旅館前，我的腳伕在一扇門前停下敲了敲門。單從外表來看，這扇門和其他上千扇門看不出差別，老城區有上千戶人家，每戶都有這樣的一扇門。來應門的年輕人領著我們穿過一個起居空間，那似乎是他練習電吉他的地方。相鄰的是一個天花板低矮的房間，裡頭有點潮濕，但還不至於惹人生厭，地上散亂鋪著蠶豆、沙拉菜和一把乾草。一隻在哺育小羊的棕山羊坐在角落，斜著眼拼命打量著我們。年輕的吉他手解釋說，這屋裡一共住著十頭驢，牠們會在老城區工作一整天，晚上自己找路回家。

據估計，非茲當地十萬人的生活中，多多少少都得倚賴驢子。一頭好驢子會受到珍視，但不會被投注過多的感情。每次我和人聊到驢子，出於習慣總會問問那驢叫什麼名字。第一個人聽到我問，愣了愣回答：「哈馬。」第二個被我問到的人，也愣了愣之後回答：「哈馬。」我以為我只是恰好遇上摩洛哥人最愛給驢子取的名字，就像你在美國大有機會連續遇到好幾隻名叫雷利或塔克或麥斯的狗狗。但當第三個人也說他的驢子叫哈馬，我才意識到這不是巧合。後來我才總算搞懂，「哈馬」不是名字——「H'mar」就是阿拉伯語的「驢子」。非茲每頭驢都叫驢子。在摩洛哥，驢子為人服務也受人照顧，但牠們不是寵物。有天下午，我在老城區和一個養了驢子的人聊天，我問他為什麼不給驢子取個名字。他大笑：「它怎麼會需要名字？它等於是一輛計程車。」

* * *

我在非茲的第一個早上起了個大早，想搶在人潮之前抵達美國旅舍獸醫院。獸醫院上午七點半開門，到時門外鐵定擠滿了大群動物等待看診。我看過獸醫院一九三〇年代剛創建不久的照片，令人訝異的是，獸醫院的外觀至今幾無改變。塔札路現在可能更繁忙喧鬧了，但獸醫院氣派的白牆和巨大的木拱門仍和當初一模一樣，門外充斥著絡繹不絕的驢子和騾子，以及至今仍身穿樸素長袍的飼主，看上去存在於任何年代都毫不違和。老相片裡，獸醫院的牆上掛著一面美國國旗，今日依然如舊。

在我拜訪的當時，獸醫院的首席獸醫官是一位白髮蒼蒼的加拿大人，名叫丹尼斯．法拉皮爾（Denys Frappier），他當初計畫來這裡只待個兩年，如今十五年過去，他猶未離開。法拉皮爾住在員工宿舍，那是由數間廢棄的舊馬廄所改建成的溫馨住屋。他和十隻貓、九隻狗、四隻陸龜和一頭驢子分享住處，這些動物全是主人留在獸醫院診療就再也沒領回去，或自己走進獸醫院就再也不肯出去的動物。他這頭驢子個頭嬌小，而且還真有個名字，是阿拉伯語的「麻煩」。

小麻煩出生在獸醫院裡，但母親死於分娩過程。飼主沒興趣照顧幼驢，所以乾脆不來領回。先天體格孱弱，患有膝外翻，頭大身體小的小麻煩，幸得被當時在獸醫院實習的幾名學生認養，其中一個女生甚至甘願讓這頭新生的驢寶寶和她一起睡在學生宿舍的床上。

久而久之，小麻煩成了獸醫院的吉祥物，准許在院內自由走動。牠喜歡在診療間閒逛，有時還會逛進辦公室，對著文件紙張東聞西嗅。我到訪的那天早上，牠跟在法拉皮爾醫生的屁股後面，隨著他值班。「牠就是個小麻煩，」法拉皮爾醫生望著這頭驢，愛憐又嫌棄地說。「但我有什麼辦法呢？」

來到美國旅舍獸醫院前，法拉皮爾醫生是加拿大奧運馬術隊的首席獸醫官，他手上照顧的都是備受寵愛的表演馬，這些動物身價動輒十萬美元以上，與如今在獸醫院的病患判若雲泥。那天早上排隊看診的隊伍裡，有一頭瘦骨嶙峋的跛腳白化騾子、一頭瞎了單眼且被挽具壓出深瘡的驢子；另一頭驢子髖骨外突兼有腸胃病，還有一隻角膜受傷的倉鼠、三隻一群的綿羊、好幾隻不同傷勢病痛的狗，以及一隻肺塌陷的初生小貓。我前腳剛踏進獸醫院，後腳就有一名滿臉皺紋的老人跟著走了進來，懷裡用牛皮紙袋裝著一隻正咩咩叫的羊羔。到了上午八點，又來了六頭騾子和驢子一起聚在獸醫院的庭院裡，身旁的主人手裡握著木頭小號碼牌，已經在等待叫號。

獸醫院的創立宗旨是照顧摩洛哥的役畜，但從很久以前，免費診療已經遍及各式各樣的動物。唯一會被拒於門外的只有牛，因為牛在摩洛哥是奢侈的象徵，沒道理來尋求免費診療。法拉皮爾也拒收鬥牛犬。「我受夠了，每次治好鬥牛犬的傷，只是讓主人又能派狗上場鬥犬。」他一邊檢查跛腳騾子的蹄子，一邊向我解釋。這頭騾子和老城區的很多驢騾一樣，蹄墊釘得很草率，用的不是蹄鐵，而是舊車胎切割成的橡膠墊。騾子嘴角也被粗糙的銜具磨得紅腫發炎。如果能增重個十五到二十公斤，牠看起來一定會健康得多。

法拉皮爾花了好幾年才適應這裡許多動物病弱的狀態，他曾一度氣餒到提出辭呈，希望回蒙特婁去，但最後終究留下了來。時日一久，他學會區分「急需醫治」到「尚可接受」之間的差異，他平常看診的動物大多落在這個範圍。獸醫院也默默宣導妥善照顧的觀念，在某些方面還算有成效。比方說，獸醫院說服很多驢騾的飼主，常見用仙人掌刺扎在挽具瘡口上，並不會促使動物更賣力工作；或者說，民俗流傳把鹽巴抹在驢騾的眼睛上可以刺激牠們加快腳步，這些作法不只無效，往往還會害動物受傷或瞎眼。

小至非茲，大到摩洛哥全國，到處都很容易看到動物，貓兒在巷口街角躡足走動，狗兒在北非陽光下發懶。就連在卡薩布蘭卡，車聲呼嘯的大馬路旁也有馬和馬車與休旅車和轎車比肩前進。但全非茲只有十二名全職獸醫師。美國旅舍獸醫院的診療雖然免費，但坊間公認這裡醫術不同於一般，就連全天下的獸醫師絕對都請得起的摩洛哥王室，也曾有兩次把動物帶來這裡看診。

＊　＊　＊

摩洛哥最大的驢子市集，「澤馬姆黑米斯露天市集」（Souk el Khemis-des Zemamra）每週四在卡薩布蘭卡西南方約兩小時車程外的一片集市空地舉行。我很想去看一看，感受置身在摩洛哥驢子世界中心的氣氛，在這個市集上，好幾千頭驢騾會被帶來做交易買賣。

政府幾十年來放任這些集市自主管理，到最近才忽然開始派員訪視澤馬姆黑米斯市集和其他大型市集，目的除了盤點交易，最要緊的是對攤商課徵銷售稅，結果導致愈來愈多的交易為了躲避查稅，從正規集市外流到僅靠口耳相傳的不定時市場。所以近年來，澤馬姆黑米斯市集上售出的驢子數量相比五年前，可能少了三分之一。

不過，集市買賣依舊熱絡。除了驢子，集市上還販賣五花八門的食物和各種你想像得到的盥洗用具、家居用品、農作器具，同時還有美國艾格威（Agway）化肥公司、沃瑪超市、美國購物中心（Mall of America）、停立買超市（Stop & Shop）等大品牌的攤位，供應物品給方圓數公里的所有居民。不論你想買鷹嘴豆、染髮劑、漁網、鞍座或湯鍋，在集市上都找得到。想買驢子的話，每個星期四上午到澤馬姆黑米斯露天市集，一定能找到你心目中的那頭驢。

從非茲開車去澤馬姆黑米斯要花上五個小時，我在星期三晚上啟程出發。市集從破曉就開始了，到了中午陽光毒辣，商販很快就會收攤走避，留下一地踐踏後的雜草，泥土上滿是馬車輪轍和驢蹄印子。我和一名摩洛哥青年同行，他的名字叫奧瑪．安索（Omar Ansor），他父親在美國旅舍獸醫院工作了二十五年，不久前才剛退休。奧瑪的哥哥穆哈默德，也從一九九四年就開始在獸醫院工作。

奧瑪說他喜歡動物，但我對驢子的痴迷令他一頭霧水。他就和多數摩洛哥人一樣，只把驢子視為一種工具——乖順、好用的工具，但也僅此而已。可能在他眼裡，我對驢子的滿腔熱情，就像對著一輛手推車大表愛慕一樣奇怪吧。「驢子就是驢子。」他說。「我比較喜歡馬。」

我們在路上先是經過卡薩布蘭卡，這裡的空氣夾雜沙礫，煙囪吹送著煙霧，公寓樓房林立，接著來到傑迪代（El Jadida）。這是一座濱海度假城鎮，建於一大片平坦的粉色沙灘上，屋舍全粉刷成白色。我們在這裡過夜。

星期四一早天氣和朗，柔和晨光遍灑在廣袤的玉米田和麥田間。環顧四周，無數的驢子和騾子在田裡耕作，賣力拉著重犁和灌溉機，挽具重重陷入肩膀。驢馬拉的兩輪車在路肩飛馳，與路中央呼嘯的車流只隔了幾公分，木板吱嘎作響，上頭坐了一大家子，還載了成堆鼓脹的粗麻布袋、紙箱和雜物。拉車的動物跑得很起勁，彷彿一旁的車聲也在鞭策牠們前進。

我們抵達時剛過七點。集市上已經人頭攢動。我們輕輕鬆鬆就在機動車輛區找到停車位，因為現場的汽車和卡車都只有寥寥幾輛。但剩下的停車區全都停滿了凌亂的四輪馬車和兩輪車，用繩子拴在車旁的驢子和騾子數也數不清，起碼有幾百頭。有的在打盹，有的啃著草皮，有的在原地左搖右擺，腳踝之間被塑膠細繩綁縛，邁不開步伐。這些不是待售的牲畜，而是代步工具，主人採買的時候暫時停在這裡。

隆隆的喧嘩聲飄浮在集市上空——數以百計的買家和賣家討價還價，紙箱子「砰」一聲掀開，麻布袋「乓」一聲重放在地上裝滿，小販大聲叫賣；用諾基亞手機廣告看板裁切下來的布料做成的帳棚下，擺著一台沒人管的筆記型電腦，電腦連接到與真人等高的擴音喇叭上，將摩洛哥音樂播放得震天價響。我們從集市裡的一個區域經過，跟攤位上成筐成簍裝在一點二公尺寬的籃子裡的乾豆子相比，坐在一旁的攤主都成了小矮人。我們也穿過好幾個販賣炸魚和沙威瑪堡的攤位，油煙懸浮在半空中，困在帳棚下散不出去。

好不容易來到了驢子區，但還得先通過一排又一排販售驢騾用品的攤販，才終於看到實際的驢子。有個年輕人瘦長的臉上刻著深深的皺紋，他在叫賣用鏽鐵做成的馬勒銜環，現場的存貨沒有幾千個，起碼也有幾百個，這麼多的銜環糾結堆放在他旁邊，足足有九十公分高。他的銜環山隔壁則是一家人圍著許多挽具坐在地毯上，這些挽具是用橘色和白色的尼龍網做的。家族裡的每一個人，包括小小孩在內，全都在縫製新的挽具，一面等待客人上門買走方才做好的成品。

隔壁一排則有十數個攤位在販賣驢子的鞍座，這些V字形木架屈時會安在動物背上，用來支撐車軸。這些鞍座都是用舊椅腳和木材廢料改造而成，邊角用舊錫罐切下的方片當作釘子釘在一起。看似粗陋，其實很結實耐用，且在會接觸動物皮膚的位置墊上了厚毛氈。

＊＊＊

待售的驢子全部都聚集在鞍座區再過去的區域。感興趣的買家在驢隻間走走逛逛，偶爾停下來看看這隻、打量那隻。四周人聲鼎沸，人群忙著在驢子的行列之間走來走去。驢子們倒是都站得很安靜，在暖和的陽光下打瞌睡，或心不在焉似地嚼著幾根青草，偶爾甩甩尾巴趕走蒼蠅。現場驢子組成一道棕色的彩虹，從麥膚色過渡到接近巧克力色，有的毛皮光滑柔順，有的則有最後幾叢毛絨絨的冬毛尚未脫落。喜歡驢子的人見到了這個場面，絕對大喜過望。

我在場地中央一名商販附近停下腳步。他正在和一名嬌小的婦人做生意。婦人從頭頂到腳趾都裹著黑紗，她想用一頭老驢子加點現金，換一頭年輕些的驢子。驢販俐落地接過她的錢，彎腰替老驢子綁上縛腳繩。

婦人牽著新的年輕驢子走開以後，驢販轉頭對我說，他沒空和我聊太久。他今天可忙碌了，一早帶了十一頭驢子來趕集，到現在已經賣出八頭。他的名字是穆哈默德，他的農場就在附近，離集市只有十六公里。他是用平板拖車載驢子來的。包含正規集市和私市在內，他平常每週能售出五十多頭驢子，生意很穩定。他說，家族事業傳承好幾代了，從他的父母、祖父母，到祖父母的祖父母，全都是驢販。

「這隻幾歲了？」我拍拍剩下最小的一頭驢子問他。

「三歲。」驢販回答。

他話才剛出口，旁邊一個像同事的年輕人馬上戳戳他的側腹說：「不對啦，穆哈默德，這隻才一歲吧。」

我一頭霧水。「所以是三歲還是一歲？」

「呃，對。」驢販迴避了我的問題。「而且很健壯。」他彎下腰，動手解開這頭年輕（或不怎麼年輕）驢子的縛腳繩。「全集市也找不到更好的驢子了。給我一萬五千迪拉姆就行。」

我解釋說我住在紐約市，跑到澤馬姆黑米斯來買一頭驢子，恐怕不是很實際。更何況，價錢聽起來也太高了，相當於一千八百美元。這裡一頭驢子通常不到七百迪拉姆。

「說吧，你願意出多少？」穆哈默德問我。他的膚色黝黑，臉孔輪廓深邃，笑起來渾厚又響亮。他解開栓繩，牽著驢子往前走了幾步，然後讓驢子轉了一圈展示各項優點。這個時候，其他驢販也都紛紛聚攏過來觀賞他的表演示範了。我說，我不是在和他講價，單純只是沒辦法買。我也很想買，但就連我這個三天兩頭衝動購物的人都知道，這真的太不切實際了。

「很好，我們就一萬兩千迪拉姆成交吧。」他語氣堅定，語調聽來已經下了結論。

周圍觀眾看到這裡，已經對我可能會買下驢子的念頭投入了期待。好幾個小男孩不知道何時加入圍觀的，他們咯咯竊笑，興奮地跳上跳下，甚至鑽到驢頭底下偷偷看我，然後匆忙跑走。

驢子絲毫未受騷動影響，反而展露出一種驢子的智慧，似乎十分明白這個瞬間倏忽即逝，結果如何都無關宏旨；牠彷彿了然於心，不論此時此地發生什麼事，生命仍會數千年如一日，繼續向前流動，其中有一些事或許永遠不會改變，例如役畜的辛勤勞動、古城的神祕氣氛，以及摩洛哥全境奇妙而矛盾的特質。

我離開時並沒有帶走那頭矮小健壯的驢子，我猜牠的名字一定叫作哈馬，但我知道，假如過幾年有機會重回澤馬姆黑米斯集市，我還是會看到另一頭等待出售的棕驢，擁有一模一樣的永恆氣息，與一模一樣的名字。

15 動物農莊

養雞記趣

我的一天始於雞舍的雜活兒。我允許自己先喝杯咖啡，然後睡衣也沒換，套上一雙雨靴，拖著十八公升的水桶就跌跌撞撞走出家門。我慢慢學到，飼養動物沒別的要訣，水最重要。誰曉得，原來雞也要喝水？我就不知道，在我搬到哈德遜河谷的農莊來開始養雞之前，我從來不知道雞會喝水，而且喝得可多了。比較大而別緻的農場可能會直接牽一條水管進雞舍，但我家沒有，所以我就是運水工，每天從後院的水栓接水，再使勁拖著我拖得動的水量到雞舍去。

一到夏天，雞群更是哪裡能把嘴伸得進去，就把哪裡的水大口喝乾。所以我除了在兩個十八公升的飲水槽裡注滿水，還會多跑第三趟，把一口大盆也裝滿水，供鴨子盡情潑灑。新發現：水很重。另一個新發現：不必那麼麻煩重訓練二頭肌，每天來回扛扛看三十六公升的水，你就知道了。

冬天給水的工作又更複雜了，飲水槽下需要安裝加溫座，還會製造出你畢生所見過最光滑的薄冰，正是那些鴨子（全世界喝水和游泳起來最邋遢的傢伙）把水濺得滿地都是結出來的。或許你以為，下雨的時候就不必那麼辛苦扛水了？但雨水哪裡都下，偏偏好像就是不落進有用的地方。不但如此，雨滴還會把泥沙碎石噴濺到飲水槽裡，我反而還得冒雨把髒水倒掉，重新注入乾淨的水。

有個思想門派認為，我們現代世界的人，身體勞動普遍不足。（馬修・克勞佛〔Matthew B. Crawford〕寫的《摩托車修理店的未來工作哲學》〔*Shop Class as Soulcraft: An Inquiry into the Value of Work*〕，從很好的觀點切入討論這個主題。）我則從我非常不正式的家禽導向觀點出發，逐漸認同了這個想法。雞舍的雜活兒再麻煩、再繁重，我都做得滿心歡喜。因為需求很具體——給我水！——而我也能具體回應——來了，笨鳥，水在這裡！——到此一個循環便完滿了（當然了，只完滿到雞下一次需要喝水之前）。

我想，包括寫作在內，有太多事你就算努力做了，也永遠不會真正有個完結，怎麼做都不會是完美的。你永遠會反覆煩惱當初是不是能做得更多、做到更好。因此，有一件活兒可以從頭做到尾，而且知道你做的已經充分足夠，有時真是令人寬慰。

野鹿記事

很快雪就會融化，草會長出綠芽，田野間會再度充滿太妃糖色的野鹿——或者，我們都無限柔情地稱牠們為「**傳播病媒的偶蹄動物**」。從遠處很難看見在鹿身上搭便車的細小蝨子，這些鹿蝨會中途下車，掉落在草地上，然後想辦法抓住下一班進站列車，可能是人的腳踝，或是動物的肚皮。這些蝨子身上往往帶有病菌。單單在我家，我們就發生過兩次萊姆病（我）、一次艾利希氏體症（我老公），還有一個慢性萊姆病例（我的狗）。我甚至還沒細數周圍有多少鄰居朋友患過其中一種或兩種疾病，有些人的症狀嚴重到天堂門前走了一遭。

萊姆病尤其令人傷腦筋，因為症狀非常隱晦又很容易擴散。我第一次患病時，剛開始還被診斷（誤診）成痛風、糖尿病、金黃葡萄球菌感染、心律不整和腳趾骨折。第二次是我自己主動去看醫生，因為我的腕隧道症候群劇烈發作，看診時我突發奇想，問醫生我的手臂疼痛有沒有可能其實又是萊姆病造成的——結果真的是。或者更準確的說，是血檢結果指明我又感染了萊姆病，我的腕隧道肌群疼痛不確定是不是萊姆病引起的，但因為我有腕隧道症候群的病史，我還是採取雙管齊下的措施，吃多西環素（doxycycline）治療萊姆病，消炎藥治療腕隧道症候群。

對於鹿蝨，實在也無可奈何。你可以在草坪上噴灑一些恐怖的藥劑，但並不是很有效，何況帶病原的鹿蝨在我所居住的哈德遜河谷到處都是，我只要出門就不安全。

去年，我還上了珠雞的當。謠傳這種奇形怪狀又聒噪的鳥會大舉吞吃蝨子，於是我買了九隻回來，在雞舍裡關了幾天提升忠誠度，才放牠們到院子裡自由走動，替我消滅蝨子。沒想到一天之內，珠雞全都不見了（我猜狐狸是珠雞的剋星，一如珠雞是蝨子的剋星，大概吧。）

這也算不上疾病防治災害，我的情感損失可能還比較大，因為我在鳥跑光以後讀到的資訊都說，珠雞什麼蟲都吃，雖然廣告大力推銷牠們是害蟲剋星，但並無證據顯示珠雞會情願放過其他更肥美多汁的蟲子，專挑小小的鹿蝨來吃。反正，我後來也體認到，院子裡蝨子那麼多，九隻珠雞根本不夠，我會需要更多隻，才可能見到任何成效。

珠雞計畫大告失敗的幾個月後，有一天早上我走進院子，發現失蹤鳥群裡的公珠雞查爾斯王子自己回到雞舍來了。我買了一隻母珠雞與他作伴，取名叫卡蜜拉，他們倆現在和我的雞群一起住在圍了籬笆的雞圈裡，吃的是穀子和蛋雞飼料。現在就算被蝨子咬了，他們大概也認不出蝨子來了。

我不確定還有什麼別的方法可抵對抗鹿蝨，所以我們全家只是胡亂應付。每次出現類似萊姆病的症狀（列出來又多又籠統，簡直很難說是一份列表），就去抽血檢查。每年春天到來，也是鹿蝨重出江湖的時候，我們迎春的喜悅中總是混雜著惶恐。

說也奇怪，野鹿雖然是帶來這一團混亂的動物，我卻還是喜歡見到牠們在周圍漫步。野鹿真的是搗蛋鬼，氣死人了；不只為鹿蝨提供避風港，還會專挑我菜園裡最漂亮的作物吃，又特別愛走某幾條路，把草都踐踏光了，而且到處遺留糞便。不光是這些，野鹿硬是跟我的車撞上過兩次，逼我花了上千美元修車就算了，還把我給嚇得半死。可是，我還是很喜歡野鹿。明明一天到晚都能看到，但每次瞥見一隻，我還是興奮不已。野鹿天生擁有一副纖細善感的臉孔和芭蕾舞者的優雅姿態，讓你一見到就幾乎什麼都忘了追究。

雞上電視

明天我得帶家裡的一隻雞去曼哈頓，上《瑪莎．史都華秀》這個節目接受專訪。瑪莎本身也是知名的養雞人，她希望用一集節目來討論後院養雞的主題。我家的雞對長途旅行不是很熟（謎之音：我是不是最好別用「熟」這個字討論寵物雞？）所以這件事令我發愁。從我家到紐約市，開車要兩個小時，到了攝影棚還得坐上幾個小時錄製節目。

一個多星期以來，我一直在試鏡選角，看看我家的七隻雞當中誰最不怕鏡頭，也最耐得住長途移動。我最漂亮的母雞是一隻銀羽懷特多恩雞（Silver Laced Wyandotte），名字叫旋轉木馬。她胸大豐滿，全身覆蓋著一層黑白條紋的斑斕羽毛，長有鮮豔多皺褶的雞冠。她上電視絕對上相，但她蠻橫又聒噪，動輒會為了一點小事發脾氣；不行，過。

我的兩隻阿拉卡那雞（Araucana）翠兒和黑標梅寶，則是有點反社會化。每次隨便抓起哪一隻，她們都會用深切懷疑的眼神看我，連我都忍不住懷疑，她們是不是能從我的口氣聞出我早上吃了歐姆蛋。所以，她們八成不是上電視的合適雞選。我的小矮腳雞蒂娜路易絲，個性狂躁，腳程又快，我連能不能把她抓上車都沒把握。海倫芮迪，我的羅德島紅雞（Rhode Island Red），是很可愛討喜，但她在雞舍裡的社會位階最低，我怕把她帶走一天，回來以後她可能會徹底失去地位。

我的大公雞蘿拉氣宇軒昂，我很想拿他去現一現，所以一度考慮就由他當電視明星好了。我自己也有點虛榮心作祟。多數理智的人都有點怕大公雞，他雖然其實也沒想像中大，但一巴掌揮來還是不得了。我經常得費心照顧蘿拉（例如今年冬天，我一連數晚用凡士林替他按摩雞冠，以防凍傷），久了也難免幻想自己和公雞好像心靈相通，因為蘿拉常常任由我抓他抱他，也沒表示抗議。

前幾天，我把蘿拉抱進懷裡，跟他說明旅行計畫，他就像趴在主人腿上的狗兒一樣放鬆。之後我進屋裡去忙別的事，幾分鐘後再回到雞舍，蘿拉竟然一路把我追逼到角落，猛揮翅膀搧打我，差點沒把我殺了。作為處罰，我只能從名單上劃掉牠了。最後，我決定帶上我溫柔的老母雞多琪，雞群當中最年老的一隻雞，也是我最早養的四隻雞裡唯一健在的一隻。她會獲得一袋玉米獎勵——剩菜就不用說了，當然會有的。

雞錄節目

我很開心能向各位報告，我和多琪遠赴曼哈頓上《瑪莎．史都華秀》，一路平安無恙地落幕了。過程的每一步我都很擔心，我擔心多琪喜不喜歡搭車，擔心她能不能安分待在電視攝影棚裡，擔心她在鏡頭前會做出雞的狂野之舉。我甚至還擔心她回家以後，其他的雞會不會察覺她有某些根本上的改變（置身於紐約的鎂光燈下，身上多了電視名氣以後，人是有可能改變的），因而在滿心懷疑之下群起攻擊她——像電影《情賊》（*The Return of Martin Guerre*）的母雞版本。

沒想到多琪就像個老藝人一樣穩重。開車南下的一路上，她都安安靜靜坐在籠裡，到了瑪莎・史都華陳設溫馨的餐室，她也乖巧聽話，開心地啄著冷凍玉米粒。每當製作助理揮舞著麥克風、頭戴耳機和節目分鏡單衝進來，她也只是好奇地東張西望。

只有一刻真的讓我冒了一身冷汗，我當時走進布景攝影棚，才發現現場有幾十隻雞到處跑，或者坐在觀眾的腿上。雞一般來說，和高中女生一樣愛搞小團體，樂於把新來的陌生雞撕成碎片。我第一次帶新的雞回家加入雞群的時候，多琪其實是使壞姊妹幫中最兇的一個，不停氣憤地咯咯叫，作勢威脅人家，動不動就用尖喙招呼過去。

錄製我的節目片段時，我坐在椅子上，多琪坐在我腿上，其他一大群雞就在我們近旁邊東抓西啄、南北閒聊、小題大作。此外，在近到不行的距離內，還有一隻羽毛豐厚、身型碩大的阿拉卡那雞懶懶地坐史都華腿上。我簡直不敢呼吸，深怕多琪會蓬起羽毛，撲過去啄那隻阿拉卡那雞，萬一還去啄瑪莎・史都華就更慘了。但神奇的是，多琪從頭到尾都尊貴沉穩地坐著。更棒的是，她此刻已經到家了，而且一下子又與同伴們相處融洽，同伴對她也是，彷彿她根本不曾上過電視。

濕了羽毛

我確定「落湯雞」這個形容，絕對是為了熱帶風暴下的雞、火雞和珠雞而發明的。它不光是形容羽毛濡濕而已，還形容出只有家禽能傳達的那副徹頭徹尾狼狽濕透的樣子。前些天，颶風即將通過我們所在的區域，我很擔心我的雞鴨不知道受不受得了，所以一早開始下雨的時候，我先去看了看。雞大多數都待在雞舍裡相互依偎取暖。意外的是，鴨子也進來了。（我以為鴨子喜歡水嘛！怎麼了嗎？）我的母鴨對整件事漠不關心，甚至在暴風圈進來的時候，還悠悠地下了顆蛋。珠雞待在戶外，一副渾身濕透的落魄樣，但看上去沒事，歇斯底里到處亂跑的樣子跟平常差不多，我把那當成牠們健康的徵兆。

我比較擔心我的火雞。火雞的體型太大，住不進雞舍，所以在去年，我用條件和鄰居換來她棄置不用的大型狗屋。（我答應幫她照顧鴨子過冬，但這些鴨子住得太安適，鄰居後來乾脆把鴨子留在我這裡了，所以我既得到了狗屋又得到鴨子。）我花了好大一番工夫把一塊地整平，鋪上排水礫石，架起了狗屋，最後卻發現火雞對新屋子沒有半點興趣。就我所知，牠們一次都沒踏進去過。即使今年冬天有幾個晚上嚴寒刺骨，牠們依然堅持睡在戶外的窩裡，縮成一團但頑強不屈。我不停安慰自己，火雞一定懂得照顧自己，不然這個物種也不會存活數十億年，可是……萬一火雞不知道屋子是給牠們的，以為是給狗的呢？

我聽過一個故事，我自己認為只是鄉野傳說，內容是說火雞會在暴風雨裡死掉，因為牠們會在戶外抬頭看雨水，最後被雨水嗆死。我不想看到這種景象。我從沒想過自己會對火雞產生感情，但我愛牠們。火雞會像小狗狗一樣當我的跟屁蟲，我說「咕嚕嚕」，牠們就會全體一致開始咕嚕咕嚕叫。偶爾牠們還會出現在我的書房外，用嘴輕敲窗戶，直到我抬起頭來，之後牠們會一直等在那裡，彷彿有無窮盡的耐心，直到我走出去問候牠們。

我最後一次確認時，我的火雞還在院子裡，沒有像個笨蛋抬頭看雨，而是像巴頓將軍一樣發揮堅忍的毅力等待風雨過去，全身有一點泥濘濕透，但無損平常嚴肅莊重的樣子，令我肅然起敬。

夏日風景

七月在農場可以看見：

- 一頭豪豬，毛刺倒豎，拖著腳步走在小徑上，四條腿張得老開，好像穿了一條太緊的褲子。
- 上個季節的幼鹿，現在吹氣球似地長大了，身上的寶寶絨毛褪去，露出了古銅色光澤。
- 擬鱷龜，體型約汽車輪圈蓋的大小。
- 春天的蝌蚪，七月都長成了牛蛙，長得和男人的手掌一樣寬，特愛熬夜，大半夜呱呱嘓嘓地叫。

- 燕子喝多了似地，時而向下直墜，時而左右側翻。
- 松鼠胖到隱約出現了雙下巴，卻仍有辦法用屈體姿勢前空翻——而且穩穩落地！——降落在鳥桌上，快樂地享用午餐，順便嘲笑防松鼠裝置。

雄雞報曉

公雞問題短時間內還不會消失。母雞與公雞的（出生）比例，大概是一比一（如果我的數學能力還堪用），但若說到需求比的話，母雞比公雞大概是兩千萬比一。多數人養雞都想要母雞，因為母雞能下蛋。也因此，這個世界充滿了冗餘的公雞。

母雞不需要公雞也能下蛋。我也不明白為什麼，但就連很多高中生物成績優秀的人也會問我，母雞生蛋需不需要公雞，這就像是問女人排卵需不需要有男朋友。如果你希望蛋能孵出小雞，那就需要公雞，但這你早就知道了。你的雞群裡如果確實有一隻公雞，他會當起委員會主席的角色，還會向遇見的每隻母雞求愛，從不覺得累；他可能還會小小扮演起母雞的保護者和救星，如果能這樣形容的話。他也會啼叫報曉，有的人覺得很有樂趣（我是其中之一），其他人（可能是大多數人）則不這麼覺得。

那些不覺得有樂趣的人，在很多允許養雞的行政區立法禁止飼養公雞。例如紐約市和洛杉磯的法規，在市界內允許飼養母雞，若是公雞就不行。公雞如果認為有母雞以外的東西闖入他的個人空間，他也會抓狂——比方說闖入另一隻公雞，或者闖入的是人類，麻煩又更大了。抓狂的公雞威力不容小覷，牠們的足踝上有棘手的足距，嘴喙利如刀鋒，膽子更是剛強。

倒楣的是，你常常會出乎意料地養到公雞，因為小雞還沒長到相當成熟前，實在很難分辨性別。我從來就不想養公雞。我最初買的一批小雞來自一間大型孵育場，保證全都是女生。後來我開始在不同地方買小雞，賣家一般沒有小雞性別鑑定師的執照。比方說，我在網路養雞社團裡跟一個認識的人買了四隻小母雞。去年，其中一隻小母雞——嫻靜嬌弱的蘿拉，忽然以驚人速度暴風般的成長，接連長出肉垂、足距和一副壞脾氣，很快就擺明了自己是一隻公雞。他美得引人注目，有藍黑相間的羽毛和一張殺手似的臉。我們重新給他取名叫勞倫斯，但老是忍不住還是叫他蘿拉——名字就是這樣，取了就跟著他了。

我敢說，只要看到我縮在雞舍角落猛打哆嗦，對著一隻向我憤怒飛踢的公雞大喊：「蘿拉，不行！不可以，蘿拉！」誰都會被逗得樂不可支。蘿拉長得愈大，脾氣愈兇悍，我們想不出該拿他怎麼辦。我想過把他送養給網路社團裡的人，但社團裡早就幾乎每天都有多的公雞等待認養，所以想替他找個新家，八成也希望渺茫。有幾個朋友建議我宰來吃，但我實在做不到。算了吧，他脾氣那麼壞，我看肉也一定很硬。

沒想到，蘿拉的美貌彌補了他的缺點。有一天，我一個家裡也養雞的鄰居順道來訪。聽到他讚美蘿拉豐美的羽毛和粉嫩的肉垂，我趁機順水推舟，說蘿拉如果能跟他回家，在他家伸展漂亮又豐美的羽毛，一定也會很開心。我其實沒預期能順利成交，但我這位鄰居真的被蘿拉煞到了。他提議我們來交換一隻公雞——我當時還不知道鄉村生活有這個習俗，原來公雞是可以交換的，通常是因為有的人想要與現有不同的品種或羽色。

我本來希望送走蘿拉以後，我就能徹底擺脫公雞了，但我的鄰居不想要兩隻公雞。他也向我保證，他的公雞——應該說，**我**即將擁有的新公雞——個性圓融謙讓，只是沒有蘿拉這麼的雄壯又華麗。為了美貌，為了能養育一代又一代漂亮的小雞，我的鄰居甘願接受這隻壞脾氣公雞的所有缺點。這就是我後來與蘿拉分道揚鑣，然後得到一隻公羅德島紅雞的過程。

我兒子替新公雞取名叫自由女神像。結果，自由女神像確實就和我的鄰居說的一樣謙和低調，喜歡被人抱在懷裡輕撫。蘿拉在他的新後宮過著舒適盡興的生活，而我的鄰居覺得自己在這一手交易中占得了便宜，對於蘿拉好鬥的個性所惹出的麻煩，他似乎樂在其中。

不得擅闖

獵鹿季又快到了。我和老公不是獵人，一點都沾不上邊。但我們有一大片土地，獵鹿人來到這裡會戰果豐碩，所以我們每年都得考慮怎麼做才好。我們大可禁止任何人進入我們家的土地狩獵，但也可以給予一些人特准。我的第一衝動是釘幾張「不得擅闖」的警告牌，剩下就不管了。但後來我們改變了心意，近幾年來，我們都特准一位鄰居來打獵。改變的原因之一，是我們體認到土地裡的鹿多到不行，恐怕超出了環境的容納量，萬一冬天寒冷，食物稀少，鹿的數量絕對太多了。靠狩獵減少鹿隻數量，似乎比較人道——我指的是能一槍命中的好獵人，不是迪克．錢尼[3]那樣的獵人——總好過於讓鹿群苦捱嚴冬，餓得發狂。

不過，鄰里關係才是說服我們的最大理由。上州居民與我們這種從曼哈頓北遷上來的住戶之間有很多難以抹消的界線，狩不狩獵是其中之一。即便我們自己並不打獵，能夠開放自家土地供人狩獵，似乎是跨越那條界線的難得機會。在我們家土地打獵的那名鄰居，一季只會獵一兩頭鹿，屠宰取肉食用。我能理解他的狩獵目的和用途，雖然狩獵的魅力於我全然陌生。我最能想像狩獵快感的一次，是幾年前在雪地裡發現了一對鹿角，我興奮到足足尖叫了五分鐘。

我還是覺得「大獵物狩獵」（big-game hunting）很可怕。狩獵保留區裡，嚮導把動物推進視野內，供那些懶惰又想追求快感的遊客射殺，實在是一種末日到來的先兆。更不堪的是遠端狩獵

3 譯注：迪克．錢尼（Dick Cheney）曾任美國副總統。二〇〇六年在任期間至德州農場狩獵鵪鶉，意外用霰彈槍擊中狩獵同伴，七十八歲的律師哈利．惠廷頓（Harry Whittington）。

（hunting setups），我最近才知道有這種事，獵人遠在千里之外，甚至身在不同的大陸，坐在電腦前看著狩獵地區的串流直播。一旦動物走進鏡頭範圍，獵人只要點擊搖桿按鈕就能開槍。這簡直像是電玩遊戲，或某個類型的殘忍虐殺電影，只要升級就能得到一個活體戰利品作為獎勵。我想，住在鄉間讓我學到，這也是狩獵，那也是狩獵，但嘗試區分其中的差異，不是沒有意義的。

* * *

咕嚕下肚

家裡養了火雞，每逢一年的這個時節——對，感恩節——代表準備要回答很多人的疑問。你先會看到驚慌中微帶恐懼的表情，然後聽到：「你家……養了火雞？」標準的場景開頭。「你們打算……就是……你知道的……殺來吃嗎？」

我並不打算吃牠們。我家的火雞來自一次衝動購物。假如我還住在都市，衝動購物會換來一雙不切實際的洋裝鞋，但住在鄉下，則代表我會收到一株根本沒地方栽種的植物，或是養來也不知道能幹嘛的家禽。

我其實從來沒想過要養火雞。雞不一樣，還沒養雞以前，我就覺得雞很實用又逗趣了，可是火雞對我毫無吸引力。我和多數人一樣對火雞有成見，認為牠們笨得超乎想像，笨到令人刮目相看。火雞蛋嗎？沒聽誰說過什麼好話。雖然火雞的羽毛很漂亮，站姿直挺又威嚴，看起來活像個鄉下律師，但是火雞的臉肉呼呼的，長滿紅色的瘤和肉垂，長相簡直粗鄙，很難覺得迷人。

但是，有天我去朋友家拜訪，她家養了皇家棕櫚火雞（Royal Palm turkey）。這是一個特殊培育的品種，體型太小沒有商業繁殖價值，目前幾乎絕種。皇家棕櫚火雞相貌出眾，白色的羽毛滾著黑邊。一般商業火雞經過人工的育種，胸肌大得不成比例，長大以後靠自己站不直；而相較之下，皇家棕櫚火雞行動敏捷、精神奕奕、充滿好奇心。我在朋友家時，她的皇家棕櫚火雞像商店糾察員一樣，老跟在我們後頭，而且每當覺得別人在對牠們說話，也會嘰哩咕嚕回答。對了，火雞真的會說「咕嚕咕嚕」。真的太好笑了，而且會想一聽再聽。

朋友家的幾顆火雞蛋孵化後，我帶了四隻寶寶回家，扔進雞群裡一起養。看著牠們一天天長大，我也漸漸變成火雞的辯護士。每當有人問起火雞是不是蠢到會被雨水嗆死（就我觀察，完全是無稽之談）等等問題，我總是替他們說話。當然，我說火雞很有趣的時候，誰也不相信我。

今年感恩節我會吃火雞，但不會是**我家的**火雞。我那四隻小夥子（沒錯，從朋友家帶回來的四隻幼雞，結果全是公的）不完全是寵物，但我想不出其他更貼切的稱呼。我老公說是「景觀動物」，很接近，但還是不太對。屋外的朋友？看家雞？認識的火雞？至少在今年這個時候，不是晚餐就對了。

養牛之亂

住在鄉下的人聊到農業稅減免時，那種熱切又疑惑的語氣，跟曼哈頓居民聊到租金管制公寓是一模一樣。也就是說，人人都想要，但誰也不清楚該怎麼入手。農業稅減免，是指地主若將土地用於農業用途，就可以折扣土地稅。農產總收入五萬美元以上才符合資格，所以只是從牽牛花圃裡採一束花賣出去並不算數。

因為至少目前我們決定長久定居在動物農莊，所以我一直在四處尋找可行的減免計畫。我的雞不愧是雞，還挺會生蛋的，我如果每顆蛋要價五千美元，我們就能符合資格，但我有預感，國稅局會對我的算術不以為然。小狗狗最近一隻能賣到好幾千美元，我還特意去查了小狗算不算牲口。我推算，假如我有五窩小狗，每窩約五隻，每隻小狗賣兩千美元，那我就賺到五萬美元了，而且還很好玩。唉，可惜呀，我跟我的會計師說了這件事，他差點心肌梗塞發作。

有一天，我們的鄰居提到他剛入手六頭安格斯閹牛，是所謂的「飼養牛」（feeder cattle）。牛隻會在他的土地裡吃草，到了秋天再轉賣給另一座農場，在那裡吃穀物增肥。我們也可以養飼養牛，需要的只有水源和籬笆而已（籬笆可不是小事，因為牛有辦法直接穿越多數的籬笆，你可不想看到你的減免稅在大街上遊蕩）。牛欸！對一個在郊區出生長大、又在曼哈頓住了二十年的女生來說，想到要養牛簡直太刺激了。往後幾天，我要問問看籬笆師傅和牛隻賣家能不能配合——對了，還得問問會計師。總是會牽扯到會計師。

於是，籬笆師傅來了，我們預計會養小小一群安格斯黑牛，師傅向我們報了加固周圍籬笆的價格。這下子對於鄉村地區衡量財富的多種方式，我又多了新的認識。家裡房子大不大、停在家門口的車子是什麼牌子、存放在地窖裡的起司是哪一種，只看這些不夠；還要看土地周圍的籬笆延伸多遠、用的是哪個款式。每一種籬笆價格都貴得像金子——從最粗糙的雙橫條木籬笆、最不花俏的三股電圍籬，到雙橫條叉字籬笆，配上用新鋸橡木做的六乘六法式哥德風立柱，貴到乾脆用鑽石來做算了。照我估算，吃一客牛排的錢大概有三成是付給籬笆。

狗的往事

我最明顯注意到的是聲音，應該說，是聲音不在了。我想念庫伯的趾甲在木頭地板上喀噠作聲，想念他的狗牌叮叮噹噹響（有幾次我們聽到煩了，幾度考慮去買那種橡膠鈴鐺塞）。因為他是一隻渾身都癢的狗，以前經常能聽到他舉起後腿大力搔抓耳後，像軍樂隊指揮那樣敲擊儀仗錘發出咚、咚、咚的聲響。我知道將有好一陣子，我會繼續幻聽到狗兒的聲音。

庫伯，我家九歲大的威爾斯史賓格獵犬，上週末意外去世了。事發時我們不在家，所以直到昨晚回家以前，感覺都很不真實。今早我還以為聽到他在鑽狗窩，結果只是窗簾在風中輕輕晃動。

如果心理諮商師不收取費用，而且願意撿棍子回來，那就可以說他們和狗很像。友善接納的沉默、對祕密表示尊重、無窮盡地給予關注——這些是一隻狗最好的特質，也是諮商師的。不過，狗又比諮商師更好玩、更溫柔、更親人，而且絕對也更仰慕你。

過去這九年來，我寫過好多關於動物的故事，甚至還出了一本書。世界上有趣的故事何其多，有時候我也納悶，我為什麼會特別往這一條路走呢？沒錯，我向來喜歡動物，動物不僅有趣，也是反省人類自身處境的絕佳對照。但若真要說，這一切都始於九年前，經歷了沒有狗的十年後，我養了庫伯。我在大學時養了人生第一隻狗，狗兒十三年後過世，死前痛苦了很長一段時間，非常令人難過。我不覺得自己有辦法再承受一次養了以後又失去。

但我心裡當然是想養狗的，等我終於又養了庫伯這隻雀斑臉的可愛生物，關於動物的事——與動物共同生活、疼愛動物、囤積動物、役使動物、與動物的關係如何透露我們是個什麼樣的人——這些主題一次又一次在我心中激起漣漪。我很高興。我一點也不想再度過沒有狗的十年了，因為我現在知道，狗兒雖然會令你心碎，但也會把你的心填滿，就算牠以後不在了也一樣。

我們決定振作起來：屋裡靜悄悄得令人傷感，我們度過了一星期，發現簡直太難忍受，於是就在這個週末帶回了一隻新的小狗。

這隻小狗的故事是個殘酷的實例，體現了為求安然度過經濟大衰退的漫長影響，代表了什麼的事實。我們將這隻小狗取名為艾薇，牠是一隻華而不實的純種狗，兩個月前被一個家庭買下，這家人顯然當時手邊頗有閒錢，能買得起一隻名貴的狗。誰知家中的經濟支柱忽然失業，一夕之間，先是房子被銀行徵收，所有負擔不起的物品也都必須出售或送人——其中也包括他們漂亮的小狗。他們本來有一隻名貴的貓也送人養了。我聽說，這家人不確定之後會流落何方，也負擔不起飼養寵物的開銷，所以留下寵物就不用想了。

去年，我為了寫軍中騾子的故事，去了田納西州的一場騾子拍賣會，也聽到很多飼主告訴我，他們要把牲口賣掉，因為已經養不起了。登入寵物領養網站PetFinder.com看看，你不只會如常看到很多鬥雞眼的雜種狗和流浪貓，現在還會訝異地看到純種動物的比例大增。我猜很多都和我們家新來的小狗一樣，那些狠下心送走牠們的主人，是在世界還充滿光明希望的時候養了牠們。

不得不把寵物送走，雖然不如失去養老金、健保或房子那麼前景堪憂，但是在現實或象徵層面，都代表失去了安慰和陪伴，更失去了幸福感和正常感——鍋鍋能煮雞，家家能養狗——是的，這是很多人對正常生活的想像。我很高興我們養了這隻小狗，也很高興能幫到別人，但思及我們所生活的時代，也令我不敢忘形。

四季更迭

每一個關於活得自然的老套說法，比如與泥土和諧共存、感受四季循環，確實都是真的。在這裡無可避免會注意到冬天的來臨。母雞一週前就停止下蛋，院子染上了褐色，風來便沙沙作響。前幾個星期還毛呼呼像泰迪熊的牛兒，已經全都躲進了冬天避風的角落。就連我的貓兒也被季節氛圍感染，我心不在焉給了多少飼料，貓兒都拚了命地往肚裡塞。前幾天我才發覺，我好幾個星期沒見到牠們的肋骨了。老鼠國派出先遣部隊到院子裡的小屋打探以後，好像認定貯放在那裡的雞飼料是牠們春天就預訂的老鼠糧草。瓢蟲憑空出現在我的窗戶和紗窗之間，不知道是想進來，還是想出去，但不論是何者，牠們都在嘗試的過程中慢慢死去。

平日在遠處啃啃草和樹叢就已滿足的野鹿，現在開始躡手躡腳接近房子，把我今年春天種下的玉簪花當成開胃菜，偷嘗味道。劈柴或剷雪服務的廣告單，每天都出現在信箱裡，或者不論我把車停在哪裡，都會夾在擋風玻璃的雨刷下，彷彿是一封來自冬季的情書。我從來不擅長記日子，但現在幾乎不用特別去記。當第一本球莖植物型錄寄達家裡、母雞又恢復下蛋，我只需要這些通知，就知道冬天已然過去。

貓咪大戰

這半年來，我一直努力扮演中間人，促成我的貓兒嘉莉和一隻流浪貓之間的單向和平協議。這隻漂亮的流浪貓夏天時出現在我家的土地裡，此後憑著魅力和哄騙人的功夫步步進犯，終至住進了我家。我家還養了另一隻貓叫李奧，是隻太妃糖色的大胖貓。他倒是大方接受了家裡新來的貓，只表現出貓典型的冷眼觀察和慵懶冷淡的態度。但嘉莉不一樣。她極度在意新來的母貓，會從房間另一頭死死盯著對方，彷彿對方是一具出色的活體雕塑，或者更慘，是一個惡意闖入的間諜。

我們替這隻流浪貓取名米甜，睡覺似乎是她的人生頭號興趣，即使有嘉莉用惡狠狠的目光盯著她瞧，她還是照睡不誤。起初還沒什麼事情發生，意思是，只有空氣裡充斥著不自在的壓迫感而已。不久後，傳來了貓厲聲對吼的聲音——那能不能形容成通過壞掉的喇叭所傳出的電子爆音？在引擎尚在運轉下啟動點火裝置，發出那摩擦爆炸似的可怕槍鳴？——從此戰鬥就開始了。

我看得是津津有味，因為這兩隻貓並沒有理由爭吵。屋裡有充裕的空間供她們拉開距離，戶外也一樣空間廣大，食物更是綽綽有餘。而且就我觀察，也沒有什麼錯綜複雜的三角戀情，貓狗在家中的地位也明明早就確立。米甜已經和和氣氣向嘉莉表示順從，李奧根本不關心權力地位，至於狗兒只覺得整件事刺激好玩，老實說不管什麼事，狗都覺得刺激好玩。

所以，這兩隻動物究竟在吵什麼？我向來相信動物的內心純真，任何情緒都有目的。我欣賞動物不會平白無故互相憎恨，除非有個特定原因。食物、地盤、地位、戀愛，似乎就是動物眼裡最重要的事，既然這些事情都解決了，還有什麼好吵的呢？難道只是因為個性不合？嘉莉看米甜就是礙眼？真是這樣的話，還真教人失望，因為這代表動物也無非和人一樣，生來就不完美，遇到不滿就愛發牢騷，無緣無故紛爭對立，而且明明沒什麼話好說，卻還是有辦法互相叫囂。

流浪之歌

貓痴是個深之又深的大坑，冒著入坑的風險，我要告訴你米甜後續故事的下一章。米甜是幾個月前現身在我家的流浪貓。有好一陣子，我們對她視若無睹。她自從某一天冒出來以後，就逕自藏身在後院，偷偷摸摸地像個偷車賊，頂多偶爾會和我家強勢的領頭母貓嘉莉對峙號叫。持續了幾週以後，被我兒子賜名米甜的這隻貓，開始慢慢往後門挨近。雖然大家不停地警告我，一旦餵了就擺脫不掉了，但我還是開始餵她吃東西，還在後門台階上弄了個舒服的窩供她打盹兒。冬天來臨後，米甜還在附近逗留，我開門讓她進屋。因為隔著一簾雪花看她，我發現心底很難不湧起一股擔心和罪惡感。不出所料，米甜擾亂了我家的動物彼此巧妙維持的均勢，但我覺得我這樣做是對的。

這段期間裡，我經常留意尋貓啟事上是不是印著米甜銳利的目光和蓬鬆的黑臉，但都一無所獲。

米甜融入我家的方式，就像一個失業的表哥突然來借住個幾天，卻不確定何時會走——好像不怎麼有存在感，但有天你才驚覺，表哥已經在衣櫥裡掛起他的衣服，還開始用你家地址收信了。不管我們願不願意，米甜就像個外來居民一樣住下來了。我這也才下定決心，既然她要住下來，我應該帶她去給獸醫檢查檢查。

我私自也有點擔心她會不會是懷孕的青少年，她的肚子又圓又大，而且整天睡覺，我怕這暗示未來會再多出幾隻米甜寶寶。趁著看診，我會順便請醫生掃瞄她有沒有身分晶片。我是覺得機率不大，因為她剛出現時連飛蛾也吃，我猜她是穀倉裡的貓，半野生半馴養，而不是那種受盡寵愛的寵物，否則，有個操心過頭的主人，何必那麼麻煩自己捕食。

獸醫驚訝萬分。

「你的貓是男生。」她說。

「所以，沒有懷孕對吧。」我回答得不勝歡喜。

「沒有。」

「她，呃，他幾歲了？一歲？還是兩歲？」我問。

「十歲。」獸醫說。「最少。」

米甜——我忽然懷疑，這個名字是不是太不陽剛了？他接著被送去量體重及掃瞄晶片。

「他有晶片。」獸醫在診療臺放下我那隻體重過胖的老公貓。晶片顯示的地址距離我家有八十公里遠。米甜，這隻地球上最愛睡覺、最懶散的貓，居然跋涉了八十公里來到我家門前？太難以置信了。我怕自己承受不了更多驚嚇，這便帶著貓打道回府。

當晚，我撥了晶片上登記的電話號碼。怪我心煩意亂，第一次我還撥錯號碼，結果聯絡到一位住在西紐約州的女性，她說很遺憾米甜不是她的貓，但是米甜如果需要一個新家，她願意開三百二十公里的車來接他回去。「我老公會過敏，」她補充說，「但他說不定可以學會與貓共存。」

謝過她以後，我重新撥了電話，這次可沒撥錯了。接起電話的女性名字叫琳達，我說我是從貓的皮下晶片拿到她的號碼的，她耐心聽完我解釋。「哇！」琳達說。「你找到戈梅茲了？我的天啊！戈梅茲好嗎？」

「他很好。」我說。「他在我家。真不敢相信他一路走了這麼遠。」結果，原來他並沒有走。琳達說，她在三、四年前向收容所領養了這隻貓，回家養了一陣子，但他到處撒尿，跟家裡其他貓也處不來，所以她最後又把貓送回收容所。琳達一個朋友聽了非常氣憤，跑回收容所把戈梅茲保出來。但不知何故，這個朋友也沒能養他，後來又把貓送給了住在距離我不遠的一名婦女。

我擔心再聽下去沒了頭緒，追問道：「所以他現在屬於誰？」

這就難說了，琳達說她會聯絡那個把貓帶出收容所的朋友。

隔天早上，我的電話早餐前就響了。

「**你**對戈梅茲做了什麼好事？」我才剛接起來說喂，一個聲音粗啞的女人劈頭就朝我大罵。「你怎麼可以**拋棄**他？」

「你在說什麼啊？」我吼回去。「我哪裡拋棄他了！這幾個月我把貓照顧得可好了！我只是想搞清楚，他是不是另有主人！」

她沉默了片刻，然後說：「唉，琳達把他丟回收容所，我氣憤不過，非回去帶他出來不可。可是我不能再養貓了！我有幾十隻貓了！」

「我懂。」我說，雖然我不確定我真的懂。

「所以我帶著戈梅茲，」女人接著說。「找到一個女的，她……算是愛貓人吧，她有幾百萬隻貓，狗也有，說不定還有豬。我給了她一筆不小的錢，把戈梅茲交給她。但那女的好像把貓關在地下室，每隔一陣子才扔點食物下去。」

「說不定就是這樣，他才想逃走。」我說。

「我要是你就不會打給那女的。她收了大一筆錢可以好好照顧戈梅茲，卻把他扔進地下室。」她點了根菸稍歇片刻，隨後又回頭苛責起琳達。最後她問我：「你會把貓留下來養嗎？」

我告訴她，我真的愈養愈愛這隻貓。他是我眾多動物裡最親人的一個，也許是因為他最懂得感激，他年事已高，也讓我覺得對他格外溫柔。他被踢皮球踢了這麼多次，我不忍心再踢他走——何況我們還沒探究他流落收容所被琳達發現之前那六年，過著怎樣的生活。

跟琳達通電話的時候，我給了她我家的地址，因為她說她有戈梅茲的獸醫就診紀錄。電話後的幾天，檔案就寄來了。雖然琳達領養後又把貓送回收容所，但她是個盡責的飼主，除了植晶片，也花了兩百多美元替貓做了身體檢查、驅蟲、施打疫苗。根據獸醫就診檔案，琳達的信寄達那一天，正好是貓的十一歲生日。

眾雞迎春

終於熬過嚴寒的冬天。雖然外頭仍冷颼颼的，陽光蒼白微弱，但雞和火雞、珠雞和鴨子都已經興高采烈起來。下蛋恢復了。到處是濕軟的泥巴。冬天裡，雞舍周圍積了好厚的雪，架在水泥磚上的餵食器都被埋了。天氣最壞的那陣子，雞完全拒絕走出雞舍。「出去呼吸新鮮空氣呀！」我輕輕推著牠們說，感覺自己像個幼稚園老師。這些雞如果有嘴唇，肯定會噘起下唇生悶氣。無論如何，雞終究也沒走出去。

反觀我的火雞，牠們一定往靜脈灌了防凍劑。因為我為了牠們的舒適愉悅著想，花了大把時間研究適合火雞的住屋，又花了更多時間訂購一間有點難看的巨大火雞屋，然後再花了不少錢把這間巨大、難看、查了很久的火雞屋架設起來，安上合適的基座。結果，我那四隻怪裡怪氣的公皇家棕櫚火雞，表明了自己毫不在乎天氣，對屋子卻討厭得緊，即使是最黑暗、最寒冷的幾個晚上，牠們依然選擇睡在戶外一段木頭上。真是謝啦，火雞。

珠雞大概察覺到我的不悅，決定把火雞的屋子據為己用。隨你們去吧。不管對火雞或珠雞，講道理都是沒用的。我真正擔心的是我那兩隻鴨子，大唐老鴨和小唐老鴨，因為牠們不是我的，是鄰居寄宿在這裡的。我以為鴨子沒有池塘會發瘋，特地準備了一個兒童充氣泳池裝水，沒想到水全被凍得硬梆梆，我用鐵鎚都敲不下來。鴨子雖然沒有池塘，看起來也好端端的，雖然我總覺得牠們就算休息，也一直處於忙碌不安的焦慮狀態，活像是酬勞偏低的活動籌辦人。

我在這個冬天失去了兩隻雞：母雞多琪，跟我的好公雞自由女神像。我前面提過，約一年前，我把我反社會的公雞蘿拉送給一名勇敢的鄰居，換得了自由女神像。多琪和自由女神像年紀都大了（多琪快滿四歲，自由女神像六歲了），可能只是單純熬不過酷寒嚴冬。我以前失去的雞全都喪命於掠食者，只有母雞奧良，她患了診斷不出的病毒性疾病，不得不被安樂死。冬天地面凍得堅硬，我後來也沒能埋葬這兩隻雞。抱歉了，多琪、自由女神像。我很慶幸春天終於來了。

蜱蟲與蝨子

春天將恐懼降臨於我們。沒錯，蓓蕾初綻何其可愛，天空照下的首束陽光、泥土溫暖的芬芳、初生未乾的動物寶寶，諸如此類等等也都迷人。但更重要的是，春天溫柔的懷裡還帶來了大量的蜱蝨，這些卑賤、罪惡、一無是處卻死不了的寄生蟲，把鄉間的春天變成一齣血腥又恐怖的殘殺電影。當我看到狗狗從外頭盡興玩耍回來，二十隻蜱蟲也搭著便車進屋，讓我春天的樂趣在那一瞬間悉數消散。（我可沒誇張，甚至為了別令讀者覺得噁心，我特意用了比較小的數字，平常找到的量可不只這些。）

我最沮喪的一刻發生在上個星期，我幫兒子洗澡時，發現一隻蜱蟲埋在他的頭皮裡——這是壓倒我的最後一根稻草。愛生物如我，也頓時化身女武神，懷著復仇的狂熱對蜱蟲大開殺戒，不光是壓扁它，還要尖叫著踩踏它、切成兩半，再沖進馬桶。不管誰說蜱蟲不光只有噁心，還有其他彌補功能、對總體生態循環自有作用，我一概不認同。沒有，蜱蟲沒有功用。凡是會吃蜱的生物，也都能吃別的東西。蜱長得醜，還會吸血，這打從根本就是錯的。

對付這些可怕的蜱蟲沒有太多辦法，你只能割光院子裡的草（我們做了），然後每天晚上像猴子一樣與家人互相理毛（對增進家人互動其實挺好的）。先前說過，珠雞能一勞永逸消滅蜱蟲只是個迷思，八成是珠雞產業遊說團體發起的宣傳策略，因為那根本就是胡說八道。我們儲備了一整櫃的多西環素，出外必穿高筒白襪，剩下就只能盡量往好處想了。

上個星期在溫暖天氣的催化下，肯定有那裡孵化了一窩新的蜱蟲，因為貓貓狗狗掛了滿身都是，我們還在地板上找到十幾來隻。我不得不進城過夜，但老實說我反而開心；蜱蟲把我煩得要命，想到能在全鋼筋水泥的環境過夜，感覺就像難得忙裡偷閒。我打算去繼子的公寓借住一晚，不料，才正準備出門，他就打來跟我說，我可能要考慮找別的地方住，因為他那棟樓剛剛確定有一件床蝨案例。

我放棄了。

動物點點名

夏天來了，借用餐廳訂位的行話，動物方面，「我們家已經客滿了」。我們的夏日訪客於幾天前抵達，十二頭安格斯黑牛看到我們的牧草地，想必興奮得只差沒昏倒。大片苜蓿長到及臀高。新來的牛隻年紀小，體型也小，低頭吃草時幾乎消失在長草間，只剩下在綠影中飄忽閃現的黑色輪廓，像天空飄過的片片烏雲。牠們如果每天吃掉十幾平方英尺的草料，每二十四小時就能增加近一公斤，這代表用不了多久，草就會被啃光，而牛會肥壯起來。我們沒替牛取名字，但每次去餵點心，我們都會滿懷愛意地叫喚每隻牛耳牌上的編號。

我也多了新的母雞。我得到四隻年輕的瑞典花母雞（Swedish Flower），這是一個罕見的品種，不知何故，每次我說出這個品種的名字，聽到的人都會被逗得哈哈大笑。這四隻小母雞身上雪花斑斑，可愛極了。聽說這個品種在瑞典價格昂貴，瑞典當局不贊成出口。釣我買下母雞的人，只說曾經「有人」穿著寬鬆胸罩，偷偷夾帶一對繁殖偶入境美國。真令人好奇，但為了我的安全著想，我猜我最好不要知道太多幕後花絮，但我還是會忍不住想像，換作我在胸罩裡藏著兩隻雞搭乘跨洋航班，不知道是什麼感覺。

雞的社會厭惡空位，所以多琪和自由女神像在冬天去世後，他們領頭公雞和領頭母雞的地位馬上有其他的雞補上。海倫是一隻健壯的羅德島紅雞，現在是我的領頭母雞；法朗尼是個胖敦敦的白毛球，經常一副怒目相向的表情，現在名符其實是隻自命不凡的雄雞。

我老公說要買一隻驢子送我當生日禮物，我原本這時候應該在挑驢子了，但是從今年九月起，我們大有可能會搬去洛杉磯住一陣子。所以比起新添動物園成員，我最近忙著評估每種動物，考慮誰該帶去、誰該（暫時）留下。在加州影視城（Studio City）養火雞，不知道實不實際？

動物園搬家

再過幾週，我先生和我就會打包冬衣以外的行李，暫時遷居洛杉磯，直到來年春天。我先生在那裡有工作，而我只是跟著拔營的家眷。周圍的人聽見這個消息，第一個問題不是「你對搬到洛杉磯有什麼想法？」或「你兒子會喜歡在那裡生活嗎？」而是「我的天啊，那你的雞怎麼辦？」顯見我的生活頗有某種奇特而古怪的性質，但這是我一手造成的問題，我甘願接受。事實上，我的各種動物該怎麼辦，可能也是這些天來最盤踞在我腦海的問題。

其中有些很容易回答。比方說，牛一定會留在紐約州，託付給代為照顧房子的人。（但說真的，在洛杉磯住宅後院有十二頭安格斯黑牛，不是超酷的嗎？）鴨子、火雞和珠雞需要的空間在加州提供不了，所以也會留下來，雖然我真的很想帶上牠們。（在鄰里聚會上該是多好的破冰利器！）狗兒當然會跟我們一起走。真有趣，與土地相連比與飼主關係更深的動物（例如牛），跟形同家庭成員的動物（狗），在這種時候界線格外分明。你不會第一時間就考慮把狗留給別人照顧，就像你不會任意留下哪一個孩子。不過，雞和貓有點橫跨兩邊。

關於雞嘛，只要與鄰居保持禮貌的距離，洛杉磯養雞是合法的，而且洛杉磯的養雞社團也已經十分活絡（感謝一位社團成員，我才剛收到印有「洛杉磯都市養雞愛好者」字樣的T恤）。但我們在洛杉磯住處的後院很小，更有數不盡的郊狼和山貓在附近遊蕩，而且身形可不像東岸常見的骨瘦如柴，我在西岸看到的郊狼和每個洛杉磯人一樣，看起來經常跟著私人教練健身。在一個郊狼壯得能仰臥推舉一百八十公斤的地方，我還在後院放個郊狼吸鐵，光想都令人膽寒。所以至少這一陣子，雞會留在這裡。

至於貓呢？雖然我還是不太懂貓——對我來說，貓就像來交換一個學期的外國學生，但我們現在家裡有三隻貓，而且我很依戀牠們。首先有穀倉小母貓嘉莉，然後是李奧，我們從當地收容所領養回來的憂鬱公貓；再來有流浪貓米甜，他現在完全是這個家的一員了。這三隻貓平常隨心所欲進出慣了，這代表到了洛杉磯，牠們恐怕三兩下就成了郊狼的點心。（從紐約上州的鄉村搬到全國第二大城市的市中心，對掠食動物的顧慮卻**有增無減**，這可真奇怪不是嗎？）

換句話說，貓在洛杉磯只能是室內貓，否則一出門就得當作丟了。我們有辦法說服這幾隻貓，過去這幾年在屋外閒蕩是個大錯嗎？貓會作何反應？夜深以後，我想像我們在洛杉磯的小房子裡，三隻貓衝著窗戶喵喵大叫。當下我就忍不住吞了一顆助眠藥。

我們也討論過，是不是只帶上一隻貓——可能就看誰最適應室內生活。首選肯定是米甜，因為他又老又懶。但另一方面，李奧的心臟有隱疾，也許我們應該帶著他，確定他受到呵護。但這樣就會剩下嘉莉和米甜一起留在紐約州，而他們倆互相憎惡得緊。不然，我們可以帶——沒事，當我沒說。我猜這種事，我們要到最後一分鐘才會做出決定，因為你若愛著你的動物，卻又必須留下牠們，就算只是暫時分開一陣子，你也很難一時半刻就想清楚。

小心！山羊上工了

《紐約時報》前些天報導，洛杉磯市現使用南非波爾山羊來清除某些難以抵達的公有土地內生長的雜草。因為我即將搬往洛杉磯短居，聽到這件事格外興奮。居住在一個雇用山羊當市政員工的城市，這個主意我喜歡。此外，我顯然不是唯一高興的人。除草的山羊似乎成了當地相當受歡迎的景點，大群民眾前往圍觀山羊在雜草間賣力工作。動物對人就是有這種效果，就連日常瑣事也會因為動物而忽然顯得迷人。你什麼時候聽過除草能吸引人群圍觀了？我是不太確定山羊的能力範圍，但想到牠們說不定也能升遷到其他工作，我覺得很好。如果能訓練山羊開停車繳費單、遞送法院傳票、收回未按時繳交貸款的車，山羊或許能讓這些職業不那麼受人鄙視。

我完全支持讓動物工作，雖然我自己雇用動物的經驗有好有壞。好比說，當初我買珠雞回來吃院子裡的蜱蟲，結果珠雞的作用微乎其微。養貓是希望解決地下室的鼠患，結果貓都不喜歡待在地下室，因為……其實我也不知道原因。可能是因為下面有老鼠吧。我們的地裡長了好幾英畝的毒藤，山羊好像很喜歡吃，我當時幾乎已經要買下一隻名叫胡椒的棕毛小公羊，指派他負責清除毒藤。所幸這時有人警告我，山羊很愛咬人屁股……權衡損益——在清除毒藤和維持我屁股的完整之間比較過後，我決定保住屁股。不過，就連我那些偷懶的動物，也會做一些有利團隊的工作。牠們要嘛漂亮、要嘛逗趣，又或是很有魅力，不會只靠好相處來賺取住食。

日後再會

於是，我們出發了。二〇一一年，我們拔營向西行，陪伴上路的只有動物園的少數代表——一隻狗、兩隻貓。其他無法同行的只能交給鄰居朋友妥善照顧，他們答應會定期回報大家是否健康平安。因為這次預計只是短期遷居洛杉磯，對動物的安排也都是暫時的，所以我全心認為，等我們春天回到紐約州以後，我就會領回我的動物。

到洛杉磯一安頓下來，我才發現這下子要應付的是全新的動物體驗。我們家完全位於都市範圍內，然而動物卻多不勝數：白天有蒼鷹和貓頭鷹斜睨我們，入夜後，身形精瘦、表情乖戾的郊狼成群結夥聚在我們的信箱周圍，尋找小貓小狗當點心吃。

有一天，我於黃昏時分在我家街區散步，瞥見一個弓背行走的剪影，絕對是一頭山貓錯不了。這裡也有美洲獅活動。第一年冬天，那頭大名鼎鼎的美洲獅P-22，從管理社群媒體帳號的忙碌行程中偷了空檔，跑到一戶人家房屋底下的爬行空間紮營，離我們家並不遠。我的天啊，**美洲獅**。我們住進美國第二大都市，豈料卻好像身在自然史模型館。

二〇一二年春天到來，我們準備返回哈德遜河谷。記得那是動身的前一晚，紐約州替我們看顧房子的人用電話捎來了殘酷的消息。有一隻浣熊闖入雞舍，一場大屠殺於焉發生，包括雞、鴨和珠雞，所有家禽都被殺害了。我深受打擊！養雞這麼多年來，我已經學會接受事實，雞充其量只能看成臨時持股，因為宇宙間幾乎每一種生物都密謀想要吃雞。第一次遇到雞被掠食者咬死的時候，我哭了好久；到了第五次，我只是重重嘆了口氣，然後再去買回一隻新的雞。但這次的規模不同，這是一場殲滅行動，我開始隱約覺得，我或許再也承受不了養雞了。

那年夏天，我少了雞的陪伴，我把每一件會提醒我痛失愛雞的物品都給扔了。我拆掉被浣熊破壞的圍欄，把我可愛的小雞舍賣給一個鄰居，對方喜孜孜地說看起來好像雞的太空艙。做出這一番肅清可能有點過度反應，但也還算合情合理，因為我們已經決定未來八個月還會再回洛杉磯，所以沒有道理再把禽口補足。

到後來，我們步入固定的規律：在洛杉磯住八個月，然後回哈德遜河谷度過夏天。轉眼幾年過去。每到夏天我都在農場蔥翠的懷抱中度過，可是因為停留短暫，我找不到理由養雞。但是。**但**

是——每次回到農場我每每都快按捺不住，因為我知道給院子除草的時候，有一群嘮哩嘮叨的雞跟前跟後，是件多開心的事；也知道用溫熱到簡直能自體煮熟的雞蛋做早餐，該有多麼美味可口。

但誰想得到，命運難料。七月的某一天，我高中時代的老友捎來訊息，問我會不會對三隻母雞和一隻和善的公雞有興趣。那些是她女兒的雞，但她女兒打算進城裡找工作。我怎麼抗拒得了這個提議？我推開腦中所有憂慮，重新買了一間愛格廬。這一群新來的雞活潑可愛，而且很快就適應下來。

公雞是一隻開朗的小矮腳雞，和手掌差不多大，整天忙著伺候他的三隻紅母雞。噢，我可開心了！我三兩下就找回了養雞的韻律，但同時我心底明白，八月底我們又要回洛杉磯去了，我還得在那之前想出個辦法。我幾度浮現帶著雞去洛杉磯的念頭——只是念頭罷了，想一想自娛而已，因為我知道這主意太瘋狂。每晚在我們家信箱下開社員大會的郊狼，絕對會很高興我們把雞帶去洛杉磯，只是郊狼的慶祝方式不會太好。

我意識到這一次，我沒讓自己和雞群結起緊密的感情，大概是因為我知道我能保有這一群雞的時間有限。我一向熱衷於替雞取名字，就算來到我身邊的雞本來就有名字，我也會重新命名，留下我的印記。哈囉，海倫，還有美女、多琪、翠兒和梅寶！新的這一群雞，來的時候也有名字，但我也只沿用原名，因為遲早得要道別的，我想給自己多留一點情感的緩衝空間。

有一天，幫忙我們打掃屋子的年輕女生聊到她快要有寶寶了，我聽了很驚訝，她明明瘦得跟竹竿一樣。我追問她詳情，她說就這幾天了，蛋隨時會破。啊哈！我不知道她有養雞，所以才誤會大了。她接著說到，她想要更多寶寶，但是她的公雞很老了。

「我有一隻公雞。」我指指雞舍。「而且他剛好也需要一個家。」

於是事情就這麼敲定了。夏天尾聲，瑪麗亞會把我那三隻母雞和能生育的公雞歡歡喜喜接到她家，解決了我回西岸後不知道該怎麼安置雞群的一切擔憂。我叨唸了幾句，說明天夏天或許能把雞借回來玩，但我其實也不想讓事情太複雜。以結果來看，把雞送給她的確也好，我們深愛著位於哈德遜河谷的房子，愛它勝於一切，但每年要從這裡往返洛杉磯，漸漸使人感到疲憊，尤其我們因為不喜歡讓寵物忍耐搭飛機，所以每年夏天我先生都得開車橫越全國，只為了送貓和狗返回紐約州。

後來，我們又多養了一隻小狗，所以約翰總共要帶上一隻貓、一隻狗和一隻小狗。行車安全倒還是其次，途中的住宿問題更麻煩；同時管理三隻動物（其中貓還強烈反對這整件事）上下車、入住退住旅館，簡直就是噩夢。COVID疫情是最後一根稻草。我們終於把哈德遜河谷的房子掛牌出售給第一個看見的有緣人。我們的農場生活篇章宣告結束。

我們回去農場最後一趟，替新屋主把房子打掃乾淨。這是一次沉重的告別。我一直夢想有一天，我會被動物包圍：動物在屋子裡、院子裡，有的看著我在菜園做事，有的點點散落在田野間；黎明咕咕啼叫，月色下低聲唱嗚，或對著風汪汪狂吠，而我已然在這裡擁有過這樣的生活。

我陶醉於與動物的友誼，著迷於動物的古怪行徑。我喜歡牠們看起來別無隱藏，同時卻又如此神秘；喜歡牠們的顏色和肌理、獸毛和鳥羽，以及牠們存在的聲響和氣味。我喜歡動物的需求為我定下每天的節奏，照顧工作感覺如此基本卻又不可或缺。與動物一起生活，如同我所擁有過的農場生活，確實與我想望的一樣令人滿足。

屋子清空以後，我最後巡視了一圈。穿過樹林，經過田野，走向雞舍原本所在之處的路上，我撿到了幾件紀念物。這幾樣東西不僅能永遠令我想起這座農場，或許也預示我未來還會去到能喚起昔日感受的地方：我撿到一小塊水晶、一枚松果、一球苔蘚，與一根完好無損的雞羽。

謝辭

我永遠感謝最初發表這些文章的刊物，謝謝你們相信我堅持這些冷僻的主題都有精彩故事可說，包括鯨魚惠子、動物標本、老虎夫人……你們知道的。我最要感謝《紐約客》雜誌，從一九八七年起一直是我溫暖的家，謝謝我在那裡的編輯，包括Virginia Cannon、Chip McGrath、Tina Brown，以及最不能忘的David Remnick。也謝謝史密森尼學會（特別是Arik Gabbai）、《亞特蘭大報》及亞馬遜網站的團隊。我深深受惠於Avid Reader Press和Simon & Schuste善良聰慧的人們，尤其大大感謝Jofie Ferrari-Adler和Jon Karp，也謝謝Jordan Rodman、Tamara Arellano、Carolyn Kelly、Allison Forner。更要感謝操作印刷機和裝幀書籍的各位無名英雄，沒有你們就沒有這本書。超級感謝Kimberly Burns，你是最棒的！Richard Pine，一如以往，非常感謝你。謝謝我的家人（Debra、Dave、David、Steffie、Jay、Gabbie）和我在家的啦啦隊Austin和John，有你們真是太好了。謝謝我過去、現在、未來遇見的動物們，不要再偷啃書封了！

文章暨插圖版權

文章版權

- 〈心向動物〉"Animalish"—Amazon Kindle Originals,(date TK).
- 〈當紅炸子雞〉"The It Bird"—*The New Yorker*, September 28, 2009.
- 〈狗明星〉"Show Dog"—*The New Yorker*, February 20, 1995.
- 〈老虎夫人〉"The Lady and the Tigers"—*The New Yorker*, February 10, 2002.
- 〈不怕出身低〉"Riding High"—*The New Yorker*, February 15, 2010.
- 〈小翅膀〉"Little Wing"—*The New Yorker*, February 13, 2006.
- 〈動物開麥拉〉"Animal Action"—*The New Yorker*, November 10, 2003.

- 〈威利在哪裡〉"Where's Willy?"——*The New Yorker*, September 15, 2002.
- 〈波納羅與普利馬維拉〉"Carbonaro and Primavera"——*The Atlantic*, May 2003.
- 〈栩栩如生〉"Lifelike"——*The New Yorker*, June 9, 2003.
- 〈懂獅語的人〉"The Lion Whisperer"——*Smithsonian Magazine*, June 2015.
- 〈兔瘟爆發〉"The Rabbit Outbreak"——*The New Yorker*, June 28, 2020.
- 〈完美動物〉"The Perfect Beast"——*Smithsonian Magazine*, January 2014.
- 〈狗兒失蹤記〉"Lost Dog"——*The New Yorker*, February 14, 2005.
- 〈驢子去哪裡〉"Where Donkeys Deliver"——*Smithsonian Magazine*, August 31, 2009.
- 〈動物農莊〉"Farmville"——*The New Yorker*, 2010–2011.

插圖版權

- 〈心向動物〉Animalish: Tutsi/Shutterstock.com
- 〈當紅炸子雞〉The It Bird: Tutsi/Shutterstock.com
- 〈狗明星〉Show Dog: Dietrich Pech/Shutterstock.com
- 〈老虎夫人〉The Lady and the Tigers: Valenty/Shutterstock.com
- 〈不怕出身低〉Riding High: LivDeco/Shutterstock.com
- 〈小翅膀〉Little Wing: Derplan13/Shutterstock.com
- 〈動物開麥拉〉Animal Action: Simple Line/Shutterstock.com
- 〈威利在哪裡〉Where’s Willy?: DODOMO/Shutterstock.com
- 〈波納羅與普利馬維拉〉Carbonaro and Primavera: IrAnat/Shutterstock.com
- 〈栩栩如生〉Lifelike: ai_stock/Shutterstock.com
- 〈懂獅語的人〉Lion Whisperer: Navalnyi/Shutterstock.com
- 〈兔瘟爆發〉The Rabbit Outbreak: DODOMO/Shutterstock.com
- 〈完美動物〉The Perfect Beast: Burunduk’s/Shutterstock.com
- 〈狗兒失蹤記〉Lost Dog: Beststock Productions/Shutterstock.com

- 〈驢子去哪裡〉Where Donkeys Deliver: Simple Line/Shutterstock.com
- 〈動物農莊〉Farmville: Valenty/Shutterstock.com

不想回家的鯨魚
On Animals

作　　者　蘇珊．歐琳（Susan Orlean）
譯　　者　韓絜光
封面設計　萬勝安
內頁排版　高巧怡
行銷企劃　蕭浩仰、江紫涓
行銷統籌　駱漢琦
業務發行　邱紹溢
營運顧問　郭其彬
責任編輯　李嘉琪
總 編 輯　李亞南
出　　版　漫遊者文化事業股份有限公司
地　　址　台北市松山區復興北路331號4樓
電　　話　(02) 2715-2022
傳　　真　(02) 2715-2021
服務信箱　service@azothbooks.com
網路書店　www.azothbooks.com
臉　　書　www.facebook.com/azothbooks.read
營運統籌　大雁文化事業股份有限公司
地　　址　台北市松山區復興北路333號11樓之4
劃撥帳號　50022001
戶　　名　漫遊者文化事業股份有限公司
初版一刷　2023年8月
定　　價　台幣420元

ISBN　978-986-489-833-6

國家圖書館出版品預行編目 (CIP) 資料

不想回家的鯨魚 / 蘇珊. 歐琳(Susan Orlean) 作 ; 韓絜光譯. -- 初版. -- 臺北市 : 漫遊者文化事業股份有限公司出版 : 大雁文化事業股份有限公司發行, 2023.08
面； 公分
譯自 : On animals
ISBN 978-986-489-833-6(平裝)
1.CST: 歐琳(Orlean, Susan) 2.CST: 動物學 3.CST: 通俗作品
380　　112010684